普通高等教育植物生产类专业教材

# 园艺植物营养诊断

吴强盛　叶　杰　高秀兵　主编

中国轻工业出版社

**图书在版编目（CIP）数据**

园艺植物营养诊断 / 吴强盛，叶杰，高秀兵主编.
北京：中国轻工业出版社，2024.8. --ISBN 978-7
-5184-5019-0

Ⅰ. Q945.1

中国国家版本馆CIP数据核字第2024XF3861号

责任编辑：贾　磊　　责任终审：许春英　　设计制作：锋尚设计
策划编辑：贾　磊　　责任校对：吴大朋　　责任监印：张　可

出版发行：中国轻工业出版社（北京鲁谷东街5号，邮编：100040）

印　　刷：艺堂印刷（天津）有限公司

经　　销：各地新华书店

版　　次：2024年8月第1版第1次印刷

开　　本：787×1092　1/16　印张：8

字　　数：150千字

书　　号：ISBN 978-7-5184-5019-0　定价：39.00元

邮购电话：010-85119873

发行电话：010-85119832　010-85119912

网　　址：http://www.chlip.com.cn

Email：club@chlip.com.cn

# 本书编写人员 \\\\\\\

**主　编**

　　吴强盛（长江大学）

　　叶　杰（华中农业大学）

　　高秀兵（贵州省茶叶研究所）

**副主编**

　　封海东（十堰市农业科学院）

　　陈盛虎（湖北省果茶办公室）

**参　编**　（按姓氏笔画排序）

　　杨　柳（长江大学文理学院）

　　吴炜炜（华中农业大学）

　　邹英宁（长江大学）

　　张　华（重庆三峡学院）

　　张　菲（黄冈师范学院）

　　张泽志（十堰市农业科学院）

　　张德健（长江大学）

　　罗　纯（长江大学）

　　郭冬琴（重庆三峡医药高等专科学校）

　　曹　秀（内江师范学院）

# 序 \\\\\\\

近来，园艺产品为人类营养健康和食品安全提供了另一种途径，某些园艺产品如马铃薯等还减少了人类对粮食作物的过多需求。了解养分的作用（从维持细胞功能到帮助植物抵御各种胁迫）绝非易事。这也许就是植物营养成为研究人员改善园艺植物农艺反应的重要驱动力。

过去，人们一直在努力开发与园艺植物营养诊断有关的各种信息库（园艺植物养分需求明确、养分亏缺灵敏）。然而，在养分亏缺对不同园艺植物的生产造成不可逆转的损害之前，人们尚无法提供所需的有关养分亏缺的见解。植物在田间表现出明显症状后的恢复对植物营养学家来说是非常艰巨的挑战，尽管他们已经应用营养基因组学（OMICS）技术区分植物对特定养分的缺乏和利用。由于拮抗作用（高磷对锌或铁，高钙或高镁对钾）或协同作用（氮对硫，铁对硫，氮对磷）而产生的植物养分相互作用（负作用或正作用）是另一个营养学谜团，因为这种相互作用取决于植物种类或土壤。至今这仍是一个未解之谜。

由长江大学吴强盛教授等主编的《园艺植物营养诊断》一书，是献给中国从事（园艺）植物营养研究人员的一份学术礼物，也是园艺专业学生的重要理论教材。我衷心希望，这样的努力将为更好地理解和解决不同营养失调问题以改善园艺植物的农艺反应铺平道路，期待"精准园艺"的繁荣。

A.K. Srivastava

（印度农业研究委员会中央柑橘研究所博士、土壤首席科学家）

2023年9月12日于印度那格浦尔

# 前　言 \\\\\\\

　　园艺植物在农业生产中起重要的支撑作用，是人们生活中必不可少的餐桌食品，也是人们摄取各类功能性物质的果蔬。在园艺植物生产中，会遭遇到各类生物和非生物胁迫，其中缺素症是影响园艺植物生长发育的主要因素之一。由于受栽培技术、环境和土壤等因素的影响，园艺植物在生育期的各个阶段中经常出现营养元素缺乏的症状，导致植物出现生长不良的现象，如叶片变黄、扭曲、木质化、果实腐烂等，严重影响了园艺植物的营养品质和销售价格等。习近平总书记在中国共产党第二十次全国代表大会上作的报告中明确提出，"全面推进乡村振兴""强化农业科技和装备支撑""推动绿色发展""持续深入打好蓝天、碧水、净土保卫战"。因此，农业生产正推行"三减三增"（减肥、减药、减工，增产、增质、增收）提质增效、健康栽培技术。因此，在园艺植物生产中，减少缺素症的发生，平衡施肥、科学施肥是园艺产品高质量生产的一个重要环节，是实现国家碧水、净土的一个手段。另外，科技创新是推动园艺植物营养诊断技术不断发展和完善的关键因素之一，同时也是推动新质生产力发展的核心动力。在园艺植物生产过程中，通过应用新质生产力中的科技创新成果，可以进一步提高园艺植物营养诊断的准确性和效率。

　　本教材的内容编排，首先介绍植物必需营养元素的种类及主要生理功能，其次阐述了植物对营养元素的吸收、运输与分配，明确园艺植物营养诊断的各种方法以及出现缺素症的原因，提出园艺植物营养诊断的实施程序和矫正办法，并给出柑橘和番茄的缺素症诊断与矫正方法。最后，针对智慧农业生产中园艺植物缺素症的智能土壤检测和智能施肥技术进行论述，介绍了4种常见的便携式植物养分检测仪。因此，本教材适合于高等院校园艺、智慧农业等专业学生。

　　本教材由吴强盛、叶杰和高秀兵担任主编，由封海东、陈盛虎担任副主编。具体编写分工：第一章由吴强盛、邹英宁和张德健编写；第二章由叶杰、高秀兵和吴强盛编写；第三章由封海东、陈盛虎和张菲编写；第四章由郭冬琴、罗纯、张华和高秀兵编写；第五章由吴强盛、叶杰和曹秀编写；第六章由吴强盛、张泽志、高秀兵、杨柳和吴炜炜编写。全书由吴强盛负责统稿。

本教材的编写得到了长江大学、华中农业大学的支持，以及研究生雷安淇、刘珍、万玉玺、郑凤玲、邓慈、何万霞、吴维佳等在材料收集、图片编辑上的帮助，在此一并表示衷心的感谢。同时，真诚地感谢A. K. Srivastava博士为本书作序和在柑橘营养缺素症内容撰写方面提供的帮助。本教材在撰写过程中参考了大量的国内外文献和互联网内容，特别是许多的图片，在此向原作者表示感谢和敬意。

由于编者水平有限，文中难免有疏漏、错误和不妥之处，恳请读者批评指正。

吴强盛

2024年5月于湖北荆州

# 目　录 \\\\\\\\\

# 第一章　植物必需元素及其主要生理功能

　　植物在生命进程中需要大量的营养元素，其中19种营养元素是植物所必需的。了解这些必需元素及其主要生理功能，可以更好地研究植物营养与施肥，保护生态环境，节约资源，保障人民的食品安全，实现党的二十大报告提出的"加强土壤污染源头防控"。例如，氮肥可明显提高植物的产量，但大量使用后易导致土壤酸化，危害根系生长和土壤微生物菌群；残留的氮肥通过挥发进入大气，最终形成"酸雨"，危害植被，同时也会提高植物体内硝酸盐的含量，危害人类健康。因此，必须牢固掌握植物必需元素及其主要生理功能。

## 第一节　植物必需元素的种类

　　植物体内的营养元素组成复杂，在生长过程中，需要多种营养元素的协调配合。一般植物体中含75%~95%的水分，干物质占有5%~25%。经燃烧后，碳（C）、氢（H）、氧（O）、氮（N）等元素会以二氧化碳、水、分子态氮和氮的氧化物形式散失到空气中，留下一些不能挥发的残渣，这些残渣称为灰分。目前已经发现的植物体内的元素超过了70种，由植物生长发育所必需的元素和非必需元素组成。1939年，阿诺（Arnon）和斯托特（Stout）确定植物必需元素的标准有三条。

　　（1）必要性　必需营养元素是完成植物整个生长周期不可缺少的，如缺少某种营养元素，植物就不能完成其生活史。

　　（2）不可替代性　必需元素在植物体内的功能不能由其他营养元素所代替，在缺乏该元素时，植物会出现专一的、特殊的缺素症，并且只有补充这种元素，症状才会消失。

　　（3）直接性　必需元素直接参与植物代谢作用。

　　基于以上三条标准，确定了高等植物必需元素的种类。依据植物对元素需求量的多少，必需元素又分为大量元素（约占植物干重的0.1%以上）和微量元素（约占植物干重的0.01%以下）（表1-1）。

表1-1　高等植物的必需元素及其适合的含量

| | 必需元素 | 植物可利用的形态 | 在干组织中的含量/% |
|---|---|---|---|
| 大量元素 | 碳（C） | $CO_2$ | 45 |
| | 氧（O） | $O_2$、$H_2O$ | 45 |
| | 氢（H） | $H_2O$ | 6 |
| | 氮（N） | $NO_3^-$、$NH_4^+$ | 1.5 |
| | 钾（K） | $K^+$ | 1.0 |
| | 钙（Ca） | $Ca^{2+}$ | 0.5 |
| | 镁（Mg） | $Mg^{2+}$ | 0.2 |
| | 磷（P） | $H_2PO_4^-$、$HPO_4^{2-}$ | 0.2 |
| | 硅（Si） | $Si(OH)_4$ | 1.0 |
| | 硫（S） | $SO_4^{2-}$ | 0.1 |
| 微量元素 | 氯（Cl） | $Cl^-$ | 0.01 |
| | 铁（Fe） | $Fe^{3+}$、$Fe^{2+}$ | 0.01 |
| | 钠（Na） | $Na^+$ | 0.01 |
| | 锰（Mn） | $Mn^{2+}$ | 0.005 |
| | 硼（B） | $BO_3^{3-}$、$B_4O_7^{2-}$ | 0.002 |
| | 锌（Zn） | $Zn^{2+}$ | 0.002 |
| | 铜（Cu） | $Cu^{2+}$、$Cu^+$ | 0.0006 |
| | 镍（Ni） | $Ni^{2+}$ | 0.00001 |
| | 钼（Mo） | $MoO_4^{2-}$ | 0.00001 |

大量元素：碳（C）、氢（H）、氧（O）、氮（N）、磷（P）、硫（S）、钾（K）、钙（Ca）、镁（Mg）、硅（Si）。

微量元素：铁（Fe）、锰（Mn）、硼（B）、锌（Zn）、钼（Mo）、铜（Cu）、氯（Cl）、钠（Na）、镍（Ni）。

著名的德国学者利比希（Liebig）提出了最小养分律的概念，其中心内容是"植物为了生长发育需要吸收各种养分，这些营养元素不论是大量元素还是微量元素，作用是同等重要的。但是决定植物产量的却是土壤中那个相对含量最少的有效养分"。如果在生产实践中，我们不能发现这个限制因素，即使继续提供其他养分，也难以提高作物的产量。如果采用施肥的方法满足了作物对这种营养元素的需要，那么另一种相对含量最少的营养元素又会成为限制作物产量的因素。如木桶盛水的高低，取决于最低的木板，要提高木桶的盛水量，首先要加高最低的木板，因此，"最小养分律"也称为"木桶理论"（图1-1）。这些养分还适用于同等重要律（必需元素在植物体内同等重要，其重要性不取决于含量多少）和不可替代律（任何一种营养元素的特殊功能不可被其他元素替代）。

图1-1　木桶理论（最小养分律）

## 第二节　植物必需元素的生理功能

### 一、植物必需元素的主要生理功能

Mengel等（1982）按植物营养元素的生理功能进行分类，把植物必需元素分为4组。

#### （一）C、H、O、N和S

它们构成植物有机体的基本元素和主要成分，如纤维素、木质素、果胶质等，也是酶促反应过程中原子团的必需元素。

#### （二）P、B、（Si）

它们以无机阴离子或酸分子的形态被植物吸收，并可与植物体中的羟基化合物进行酯化作用生成磷酸酯、硼酸酯等。

#### （三）K、（Na）、Ca、Mg、Mn和Cl

它们以离子的形态被植物吸收，并以离子形态存在于细胞的汁液中，或被吸附在非扩散的有机酸根上。这些离子有的能构成细胞渗透压，有的能活化酶，或成为酶和底物之间的桥梁。

### （四）Fe、Cu、Zn和Mo

它们主要以螯合态存在于植物体内，除Mo以外也常常以配合物或螯合物的形态被植物吸收。这些元素中的大多数可通过原子价的变化传递电子。此外，Ca、Mg、Mn也可被螯合，它们与第3组元素间没有很明显的界线。

德国植物营养学家Marschner（马希纳）在《高等植物矿质营养》（*Mineral Nutrition of Higher Plants*）一书中认为，植物营养元素分为必需元素和有益元素。有益元素是某些植物种类所必需（如硅是水稻所必需）；对某些植物的生长发育有益；有时表现出有刺激生长的作用（如豆科作物需要钴、藜科作物需要钠等）的元素。

## 二、碳、氢和氧

C、H、O是植物有机体的主要组分。构成植物骨架的细胞壁几乎完全由碳水化合物和含C、H、O的其他化合物所组成。C、H、O还可构成植物体内各种生物活性物质，如某些维生素和植物激素等，它们都是体内正常代谢活动所必需的。此外，C、H、O也是糖、脂肪、酚类化合物的组分，其中以糖最为重要。糖类是合成植物体内许多重要有机化合物（如蛋白质和核酸等）的基本原料。植物生活中需要的能量必须通过碳水化合物在代谢过程中转化而释放。

### （一）碳

#### 1. 营养功能

光合作用是在可见光的照射下，植物、藻类和某些细菌经过光反应和暗反应，利用光合色素，将$CO_2$和$H_2O$转化为有机物，并释放出$O_2$的生化过程。C、H、O以$CO_2$和$H_2O$的形式参与有机物的合成，并使太阳能转变为化学能。它们是光合作用必不可少的原料。

#### 2. 补充$CO_2$肥料

在温室栽培中，增施$CO_2$肥料是不可忽视的一项增产技术。植物所需的$CO_2$只能在通风、换气时由室外流入的空气中得到补充。而在冬、春季，为了保温，温室内经常通气不足，导致$CO_2$浓度小于0.03%。缺碳会导致作物根系不发达，长势衰弱，病害发生严重，品质差、产量低。

生产实践证明，若使温室内$CO_2$浓度提高到0.1%，配合其他生长因素，能使净光合率增加50%，产量提高20%～40%。可见，增施$CO_2$肥料是一项重要的技术措施。但必须注意，$CO_2$浓度应控制在0.1%以下为好。若浓度超过0.1%，光合强度不仅不能提高，反而会对植物产生不良影响，如$CO_2$浓度过高会促进叶片淀粉积累，使叶片卷曲，影响光合作用。一般来说，$CO_2$浓度降低，光合速率会急剧减慢。在植物生长茂盛、叶片密集的群体内，$CO_2$浓度往往降低到0.02%，严重限制了光合作用。此时，施用$CO_2$肥料即可获得显著的增产效果。对$CO_2$要求较高的$C_3$植物，其效果更加明显，生长期内表现为干物质和产量大幅增加。

目前生产上低成本、易推广的增施$CO_2$气体肥料的方法有以下两种。

（1）安装二氧化碳发生器　只需要加入计量好的碳酸氢铵，通过加热分解产生二氧化碳和氨气，然后通过特定的设备把氨气吸收，即可得到纯净的二氧化碳。二氧化碳发生器的特点是使用方便、成本低（2元/d）。如雨沃生产的二氧化碳发生器。

（2）室内燃烧沼气　在温室内的地下建设沼气池，按要求比例填入畜禽粪便与水发酵生产沼气，通过塑料管道，输送给沼气炉，点燃燃烧生产$CO_2$气体。

### （二）氢

1. 营养功能

（1）H常与C、O结合组成许多重要的化合物，如木质素、纤维素、半纤维素和果胶质等，它们是细胞壁的重要组分，而细胞壁是支撑植物体的骨架。

（2）由静电吸引所形成的氢键具有重要的地位。氢键较其他化学键结合力弱。蛋白质和酶中多肽链的折叠、卷曲和交联使其变成复杂的空间结构，都离不开氢键的作用。遗传物质DNA由两条相当长的多核苷酸以双螺旋形式，通过碱基之间的氢键相互盘卷而成，氢键易分易合的特性有利于DNA的复制和转录。

（3）H和O可以形成水，在很多情况下，H的重要作用是通过$H_2O$体现的。$H_2O$也是最大且最安全的质子（$H^+$）库，水微弱解离产生的$H^+$源源不断地供给植物细胞中某些生化反应的需要，但又不大量产生$H^+$使细胞酸化。植物许多重要的生化反应都需要$H^+$。例如，$H^+$在光合作用和呼吸作用过程中是维持膜内外$H^+$梯度所必需的。此外，$H^+$还能保持细胞内离子平衡和稳定pH。

2. $H^+$过多对植物的危害

不适宜的$H^+$浓度会直接伤害细胞原生质的组分，也会间接影响植物的生长发育。例如，$H^+$浓度过高会影响根系对营养元素的吸收，降低环境中营养元素的有效性，使环境中有毒物质的浓度增加。植物体内也存在质子泵（$H^+$–ATPase），它有效地将细胞内的过多$H^+$泵出细胞外，从而减少$H^+$的伤害，同时为了维持细胞内电荷平衡，也把细胞外的$K^+$、$NH_4^+$、$Mg^{2+}$等泵入细胞内，实现了养分的吸收。

pH变化与植物的生长发育关系十分密切。例如，细胞质酸化会增加$CO_2$暗固定，促进苹果酸向液泡运输，降低胞浆中苹果酸的浓度，从而提高磷酸烯醇式丙酮酸（PEP）羧化酶的活性。豆科作物在固氮中，固氮酶能催化$H^+$还原成$H_2$；可逆性氢酶可催化$H^+$与$H_2$之间的可逆反应；吸氢酶只能催化$H_2$的氧化，其反应是单向的，其产物是$H_2O$，并有ATP产生。

### （三）氧

1. 营养功能

（1）H和O是许多有机化合物的一部分，在水的形成中必不可少。

（2）$O_2$是细胞呼吸所必需的，植物利用$O_2$以ATP的形式储存能量。

（3）在呼吸链的末端，$O_2$是电子（$e^-$）和质子（$H^+$）的受体。植物的呼吸作用产生的能量，为植物吸收养分提供了充足的能源。

通常作物吸收养分受供氧状况的影响。缺氧对作物的危害明显。缺氧不仅影响根系细胞的有氧呼吸以及ATP的合成，导致根系吸收养分的能力下降，出现缺素症，还会因乳酸积累或其他无氧酵解生成酸性代谢产物，诱导乙醇的合成和细胞质酸化。

2. 活性氧的危害及其消除

在需氧生物利用$O_2$的过程中，$O_2$未被完全还原，就会产生某些氧代谢产物及其衍生物。它们都含有氧原子，只是比$O_2$具有更活泼的化学性质，总称为活性氧（reactive oxygen species，ROS）（薛鑫等，2013）。活性氧包括超氧自由基（$\cdot O_2^-$）、羟自由基（$\cdot OH$）、过氧化氢（$H_2O_2$）、单线态氧（$^1O_2$）等。活性氧具有很强的氧化能力，对生物体有破坏作用。在逆境（如干旱、盐胁迫、低温、高温、养分亏缺等）中，活性氧会大量产生，对脂肪酸、蛋白质、DNA和RNA产生破坏。同时，植物体内也有抗氧化酶防御系统和非酶抗氧化剂防御系统（图1-2）清除过多的活性氧，在逆境下将植物体内的活性氧维持在低水平。

抗氧化酶防御系统包括以下几种。

（1）超氧化物歧化酶（SOD） 催化歧化$\cdot O_2^-$为$H_2O_2$。目前有3种不同形式的超氧化物歧化酶，即Cu/Zn-SOD、Mn-SOD和Fe-SOD。

（2）过氧化氢酶（CAT） 催化$H_2O_2$为$H_2O$，主要发生在细胞的过氧化体中。

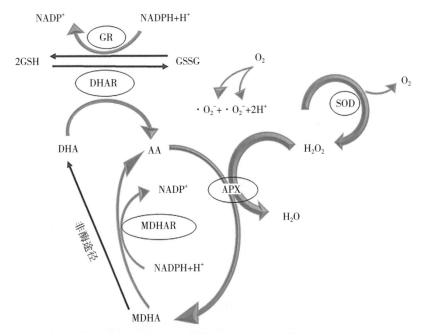

图1-2　植物体内的非酶抗氧化剂防御系统

（3）过氧化物酶（POD） 在过氧化氢酶尚不能完全清除$H_2O_2$或者过氧化氢酶活性低时启动，代替过氧化氢酶清除$H_2O_2$，其中抗坏血酸过氧化物酶（APX）和谷胱甘肽过氧化物酶（GPX）参与了抗坏血酸-谷胱甘肽循环。

非酶抗氧化剂防御系统包括谷胱甘肽（GSH，能清除$H_2O_2$，又能修复氧化损伤）、抗坏血酸（AA，与谷胱甘肽联合形成循环清除$H_2O_2$）、维生素E（防止脂类过氧化，可淬灭$^1O_2$，使脂类过氧化过程中起关键作用的ROO·转变为化学性质较不活泼的ROOH，从而终止脂类过氧化）、细胞色素、甘露醇、氢醌、胡萝卜素等。

短期内，这些抗氧化酶和非酶抗氧化剂会及时地做出响应，以清除活性氧，维持植物的正常代谢。如果逆境继续增强，抗氧化防御系统不足以清除过量的活性氧，则导致植物受到氧化破坏，膜系统受损，生理生化代谢紊乱，严重时导致植物死亡。

在园艺植物中，豆科植物体内的某些固氮微生物需要适量的$O_2$，缺氧能使固氮酶不可逆地失活，因此高效的豆科植物固氮作用一般发生在微氧条件下。

## 三、氮

### （一）营养功能

（1）氮以蛋白质的形态存在，蛋白质中氮含量占16%～18%。

（2）氮是核糖核酸（RNA）和脱氧核糖核酸（DNA）的组成成分，RNA和DNA参与遗传信息的传递。

（3）氮是叶绿素的组成成分，从而影响光合作用以及光合产物的生成。

（4）氮是各类氨基酸的组成成分，这是植物需要获取大量氮以及氮成为植物生长的限制因子的原因。

（5）植物体内其他的物质，如酶、维生素（维生素$B_1$、维生素$B_2$、维生素$B_6$等）、生物碱和嘌呤碱、生长素、细胞分裂素等也是含氮化合物，间接参与了植物体内的各种代谢反应、新陈代谢，在促进植物生长发育过程中起重要作用。

氮的最大天然来源是地球大气，其中约78%是气态氮，这是一种惰性的、基本上在生物上不可用的元素形式。它在生物学上的不可利用性是因为两个氮原子形成了一个极其稳定的键，不易断裂。除了人类工业过程将氮气固定为固体或液体形式外，固氮的主要手段是通过雷击的高温和能量以及细菌的生物固氮。这些过程以三种主要形式产生氮，即硝酸盐、亚硝酸盐和铵，每种形式对植物都是可用的。

在许多植物中氮占干重的1.50%～6.00%，大多数果树的氮含量较低（为1.80%～2.20%），豆科作物的氮含量较高（为4.80%～5.50%）。氮主要集中在主茎基部和刚完全成熟的叶片叶柄中，在茎或叶柄组织中测定其含量可作为测定植株氮素状况的手段或作为调节氮肥补施的手段。可溶性氨基酸也存在于植物组织中。

### （二）形态缺素症状

缺氮通常表现为黄化。在缺氮黄化的情况下，其影响首先出现在较成熟的叶片和组织中。植株会优先向活跃生长的组织输出氮，而让植株较成熟的部分先表现出缺氮的迹象［图1-3（1）］。缺氮通常表现为植株矮小［图1-3（2）］（缺氮不仅影响植物的叶片，而且影响所有对氨基酸和核酸有高氮需求的活细胞，从而降低植物的整体生产力和活力），叶片小且均匀黄化，在较成熟的叶片先出现；根系细长且量少［图1-3（2）］，在后期变褐，并停止生长。

（1）菊花　　　　　　　　　　（2）洋桔梗

图1-3　菊花缺氮和洋桔梗的大量元素亏缺症状

干旱也容易导致叶片黄化。通常干旱是整个植株的叶片同时黄化，且叶片还会出现萎蔫，而缺氮黄化是从基部叶片开始。各类园艺植物都有界定的亏缺、充足的总氮阈值（表1-2），这为亏缺提供了指导。

表1-2　果树组织总氮的丰缺指导

| 果树 | 总氮含量/% | | |
| :---: | :---: | :---: | :---: |
| | 亏缺 | 中间 | 充足 |
| 杏 | 1.8 | 2.0 | 2.5 |
| 苹果、梨 | 1.7 | 1.9 | 2.4 |
| 李 | 2.0 | 2.2 | 2.5 |
| 榛子、核桃 | 2.0 | 2.2 | 2.8 |
| 桃 | 2.5 | 2.6 | 3.5 |
| 甜樱桃 | 2.0 | 2.5 | 3.0 |
| 柑橘 | 2.1 | 2.3 | 2.5 |

### （三）氮肥种类和合理使用

氮肥品种可分为铵态氮肥（如硫酸铵、碳酸氢铵、氯化铵、液氨等，易被土壤胶体吸附，在碱性环境中氨易挥发且铵态氮易被氧化成硝酸盐）、硝态氮肥（如硝酸钙、硝酸钠、硝酸铵，不易被土壤胶体吸附，易溶于水和易反硝化成为气体状态从土壤中逸出）、酰胺态氮肥（如尿素）和长效氮肥（如脲甲醛、脲乙醛、硫衣尿素、长效碳铵等，释放平缓、肥效更长且氮素利用率更高）四种类型。

通常，北方地区干燥少雨，适合选用硝态氮肥；南方地区气候湿润，年降雨量大，反硝化问题严重，应分配施用铵态氮肥。

为了防止氮素损失、提高氮肥肥效，铵态氮肥和尿素常深施。深施方法有基肥深施、追肥沟施、穴施等。氮肥配合有机肥以及磷肥和钾肥施用，可稳定氮肥效率，保证园艺植物高产稳产。

叶面追肥中，三种氮肥的肥效是尿素>硝态氮>铵态氮。

## 四、磷

磷通常是一种限制性营养物质，特别是在热带地区或者在高度风化的土壤中，磷早已浸出。几乎所有的陆地磷最终来源于地壳中矿物质和土壤的风化作用。磷通常以磷酸盐的形式存在，这是一种阴离子，不能被阳离子交换络合物结合，因此很容易被雨水或径流从土壤中滤出。植物中磷含量为总干重的0.05%～0.5%。随着年龄的增长，叶片磷含量呈下降趋势。在新叶及其叶柄中磷含量最高。

### （一）营养功能

（1）磷是参与细胞代谢过程中能量转移的主要元素，是细胞膜、核酸、脂质和其他细胞结构的主要成分。维持膜结构，有助于细胞分裂、酶激活或失活和碳水化合物代谢。

（2）磷能加强光合作用和碳水化合物的合成与运转。同时，磷能加强有氧呼吸中糖类的转化，是富能化合物的重要组成部分，包括三磷酸腺苷（ATP）、三磷酸胞苷（CTP）、三磷酸鸟苷（GTP）、三磷酸尿苷（UTP）、磷酸烯醇丙酮酸酯等磷酸化中间化合物。因此，它提供能量来驱动细胞的各种自耗过程。

（3）也可以提高细胞结构的水化度和胶体束缚水的能力以及原生质的黏性和弹性，从而增强园艺植物的抗逆性。

### （二）形态缺素症状

缺磷通常表现为根系不发达，果实较小，发育迟缓。在老叶上出现症状，叶色深暗呈暗绿色或灰绿色；严重时，还会出现紫红色（图1-4）。缺乏足够磷的植物通常表现为叶片的损伤反应，如色素化合物的产生导致叶片变暗或变紫。磷限制植物生长归结于光合作用的减少或者能量投入的增加。

图1-4　睡莲的缺磷症状

（三）磷肥种类和合理使用

常用磷肥可分为难溶性磷肥（如骨粉和磷矿粉，主要成分是磷酸三钙，不溶于水，也难溶于弱酸，肥效很慢，后效期很长）、水溶性磷肥（如普通过磷酸钙、重过磷酸钙等，主要成分是磷酸一钙，易溶于水，肥效较快）和弱溶性磷肥（如钙镁磷肥、钢渣磷肥等）。

农业中磷的使用效率为15%～20%，这使应用的磷肥大多数对植物是无效的，或者泄漏到地下水引起富营养化（Malhotra et al., 2018）。

在土壤中，通常采用有效磷的含量呈现磷的丰缺，一般有效磷的含量低于10mg/kg，则土壤为缺磷；高于15mg/kg，则土壤为磷充足。而且，有效磷的含量还与土壤速效氮、有机质、pH以及土壤熟化程度相关。

水溶性磷肥适用于各种土壤，但在中性或碱性（石灰性）土壤上更为适宜，施用量为5kg $P_2O_5$/亩（1亩≈667m$^2$）；在酸性土壤上，分配难溶性磷肥或弱溶性磷肥尤为经济有效，因为土壤的酸性尤其是酸性或中性磷酸酶有助于这些磷肥溶解。

为了促进磷肥的使用效率，通常集中施用，减少水溶性磷肥与土壤的接触面积，如条施、穴施、蘸根等；氮、磷配合施用，相互促进；磷肥和有机肥混合堆沤施用；在酸性土壤中，可以将磷肥和石灰一起使用，更好地发挥磷肥肥效。

## 五、钾

钾是一种土壤交换性阳离子，可被植物根系积极吸收。它是许多土壤的主要成分，最终来源于土壤中的钾铝硅酸盐等土壤母质的风化作用（Wiedenhoeft, 2006）。

（一）营养功能

（1）钾具有多种代谢功能，其中之一与光合作用过程有关，因为它是光合组织中最丰富的元素，影响叶绿素荧光、RubisCO活性和二氧化碳的净固定，且与气孔孔径、细胞间隙、叶片厚度、薄壁组织厚度和比叶面积有关（Tighe-Neira et al., 2018）。在缺钾条件下，植物体内糖的生物合成、运输和分配受到限制。

（2）钾是细胞膜动力学中的主要渗透分子和离子，参与气孔调节和渗透平衡。因此，钾可以增强原生质胶体的亲水性，增强植物的抗逆性。同时，钾参与了糖、水、矿质元素（如镁、钙）的转移和吸收。

（3）钾是重要的品质元素。钾元素缺乏时会影响果实品质，造成果实偏小，皮薄，着色不良，上糖少，果实偏酸等；严重缺钾时，会加重园艺作物果实裂果，甚至出现落果情况。

（4）钾能促进蛋白酶的活性，增加对氮的吸收，提高树体和果实中蛋白质含量。

### （二）形态缺素症状

当植物缺钾时，植株茎秆柔弱、易倒伏，抗寒性和抗旱性差，叶片弯曲或者皱缩，叶片上出现褐色斑点或斑块，但叶中部叶脉仍保持绿色。钾和氮、磷一样，在果树体内有较大的移动性，故在缺钾时，老叶上先出现缺钾症状（图1-5），再逐渐向新叶扩展。当钾素过多时，会引起果树对氮、镁的吸收，抑制果树生长。

缺钾的典型形态症状是老叶叶缘和叶尖先发黄（因为钾集中分布于叶缘和叶尖这些代谢最活跃的部位），进而变褐（图1-5），焦枯似灼烧状。叶片上出现褐色斑点或斑块，但老叶中部、叶脉处仍保持绿色。

钾虽然是阳离子交换络合物的一部分，但它只很弱地附着在土壤颗粒上，而且极易浸出。由于植物和其他生物在细胞中以自由离子的形式持有钾，一旦一个生物死亡，它的钾很快就会重新进入土壤溶液（Wiedenhoeft，2006）。如果其他生物不能迅速吸收钾，钾就很容易因淋滤和径流而从土壤中流失。钾的流失通常是由于森林火灾、砍伐方式和其他导致径流和侵蚀的主要干扰。

由于钾在植物中不以组合形式存在，所以很容易地从新鲜或干燥的组织中提取，提取的浓度基本上等于总浓度。当从新鲜茎和叶柄中提取的汁液中钾含量低于2.0mg/g时，一些蔬菜作物被认为是缺钾的，而当钾含量大于3.0mg/g时，则被认为是充足的。

（1）黄瓜 （2）铁树

图1-5 黄瓜和铁树的缺钾症状

### （三）钾肥种类和合理使用

园艺植物栽培中，通常使用富含钾的草木灰、氯化钾（大多数呈乳白色或微红色结晶，不透明，有吸湿性，易溶于水，对氯敏感的作物如葡萄、马铃薯、甜菜等少用）、硫酸钾（白色或淡黄色结晶，吸湿性小，不易结块，易溶于水，适用广，价格高）、硝酸钾（白色或灰白色结晶，为氮、钾二元复合肥，易燃易爆，使用和储存须小心，价格高）和磷酸二氢钾（白色结晶或灰色粉末，吸湿性小，易溶于水，为磷、钾二元复合肥，价格高）（薛勇，2003）。

钾肥可用作基肥，也可用作叶面追肥。对生长期长的作物可采用基施和叶面喷施相结合的方式。对沙质土壤可采用基施和追施相结合的方式。

## 六、钙

### （一）营养功能

（1）钙以果胶钙的形式参与细胞壁的组成，因此在维持细胞完整性和细胞膜通透性方面起重要作用。

（2）钙能促进花粉萌发和生长。

（3）钙能激活许多用于细胞有丝分裂和伸长的酶。

（4）钙对蛋白质合成和碳水化合物转移很重要。

（5）钙可以和植物中的重金属结合，起到解毒的作用，也可以与细胞中的有机酸结合形成难溶性的钙盐（如草酸钙、柠檬酸钙等），从而防止酸中毒和调节植物体内的pH。

### （二）形态缺素症状

缺钙植物的根［图1-6（4）］和叶的生长尖端变成褐色并死亡（因为形成不溶性的钙盐而沉淀），这种症状通常被称为尖端烧伤［图1-3（2）］。缺钙植物的叶子卷曲，边缘变成棕色［图1-7（1）］，新生的叶子在边缘粘在一起。

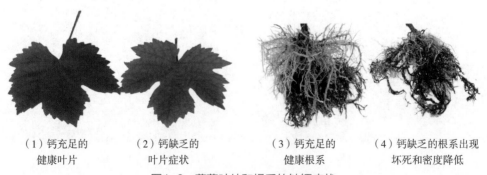

| （1）钙充足的<br>健康叶片 | （2）钙缺乏的<br>叶片症状 | （3）钙充足的<br>健康根系 | （4）钙缺乏的根系出现<br>坏死和密度降低 |

图1-6　葡萄叶片和根系的缺钙症状

缺钙会使果实品质降低（特别是苹果的苦痘病，先在果皮下呈现褐斑，之后斑点在果皮上露出，果实上病部微凹，味苦；苹果也易患水心病，病状出现于果心，呈水渍状、半透明，易腐烂），花末端腐烂和果实顶端腐烂（如番茄、辣椒、西瓜等缺钙会发生顶腐病）发生率高［图1-7（2）］。由于钙在植株中相对难移动，生长顶端会出现缺素症。缺钙植物的生殖可能被延迟或完全终止。缺钙会使输导组织的底部腐烂，导致植物吸收水分减少，枯萎，并减少其他必需营养元素的吸收。可溶性钙的临界浓度约为800mg/kg，这一浓度被认为是大多数植物的真正临界值。

由于钙在植物体内的再分配很少，所以这种元素的持续供应是必要的。然而，土壤溶液中存在足够水平的钙，并不能保证充分的吸收和转运，特别是对果实。钙的吸收和转运虽然被普遍认为是离子交换现象，但依赖于水的吸收和移动，而不一定与之成比例。蒸腾作用的减少减慢了木质部水分的移动，这是钙向果实运动的主要途径。在土壤湿度较低和蒸腾作用增加的条件下，果实中的水分可能会发生向木质部的一些移动，可以携带少量的钙。

（1）草莓叶片

（2）番茄果实

图1-7　草莓叶片和番茄果实的缺钙症状

维持一个有利的叶果比可以获得一定的钙。过高的叶果比往往会增加果实的大小，进一步稀释能够到达果实的钙。正是在这种情况下，修剪的时间和严重程度变得非常重要。严冬修剪刺激旺盛的早期芽生长时，大部分的钙会移动到果实。另一方面，夏末修剪可能增加果实钙，同时减少钾、磷、氮和干物质。

### （三）钙肥种类和合理使用

园艺植物栽培中，通常使用生石灰（主要成分为氧化钙，含氧化钙90%～96%，生石灰可以中和土壤酸性，矫正土壤酸度以及具有杀虫、灭草和消毒的功效）、熟石灰（主要成分是氢氧化钙，由生石灰吸湿或加水处理而成，此过程释放大量热能。熟石灰的中和土壤酸度能力也很强）、碳酸石灰（主要成分是碳酸钙，由石灰石、白云石或贝壳类磨细而成，溶解度小，中和土壤酸度的能力较缓和而持久）、可溶于水硝酸钙（多用作根外追肥施用）、可溶于水氯化钙（多用作根外追肥施用）以及钙镁磷肥等。

酸性土壤上可使用石灰进行改土，其原理如下。

（1）石灰可以中和土壤酸性（活性酸和潜性酸）、消除铝毒。我国南方强酸性土壤一般交换性$H^+$非常少，绝大多数为交换性$Al^{3+}$，$Al^{3+}$水解产生$H^+$，施用石灰生成氢氧化物沉淀，可消除铝毒。此外，施用石灰后，酸性土壤中较多的铁、锰等离子也会生成氢氧化物、氧化物而沉淀。此外，施用石灰可通过加强微生物活动促进有机酸（特别是有机质多的土壤分解时会产生大量有机酸）的分解，消除其毒害。

（2）石灰可以增加土壤中的有效养分。在酸性土壤上施用石灰可以加强土壤有益微生物的活动，从而促进有机质的矿化和生物固氮作用，减少磷的固定，增加有效养分的供给。

但是，在酸性土壤上不宜使用过多的石灰，这样会使土壤有机质迅速分解、腐殖质难以积累，土壤结构受到破坏，土壤中有效养分减少，抽空土壤肥力。因此，石灰要合理使用，应适当配合有机肥。

# 七、镁

## （一）营养功能

（1）镁是叶绿素分子的组成成分，叶绿素a和叶绿素b中均含有镁。

（2）镁作为大多数酶的辅助因子，激活磷酸化过程，作为ATP或ADP的焦磷酸结构与酶分子之间的桥梁。

（3）镁能稳定核糖体颗粒的结构，用于蛋白质合成。

（4）镁能促进维生素A和维生素C的生成，进而利于园艺植物的品质提高。

## （二）形态缺素症状

镁在韧皮部中的移动性强，因此，缺镁症状首先出现在老叶上［图1-8（1）］。当植株缺镁时，其突出表现是叶绿素合成受阻，叶片脉间叶肉组织失绿［图1-8（2），图1-8（3）］，叶脉保持绿色，失绿是从叶片内部开始的［图1-8（4）］；严重时，失绿会逐渐扩展到叶边缘，失绿部分由淡绿色转变为黄色或白色，形成褐斑坏死或者紫红色。

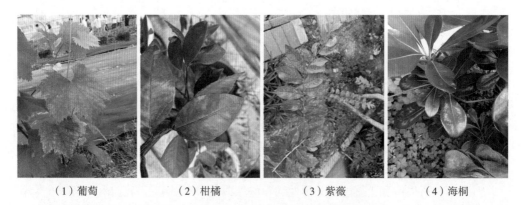

| （1）葡萄 | （2）柑橘 | （3）紫薇 | （4）海桐 |

图1-8　葡萄、柑橘、紫薇和海桐的缺镁症状

（三）镁肥种类和合理使用

园艺植物栽培中，通常使用水溶性镁肥和微溶性镁肥（包括菱镁矿、方镁石、水镁石、白云石、磷酸铵镁、蛇纹石等，其中以白云石应用最为广泛，肥效慢）。水溶性镁肥包括水溶性固体镁肥（包括硫镁矾、泻盐、无水硫酸镁、硫酸钾镁、钾盐镁矾等，其中以泻盐和硫镁矾使用广泛）和液态镁肥（主要是泻盐和硝酸镁，溶解在水里面，用于无土栽培和叶面施肥）（王政，2005）。不同镁肥种类、水溶性及使用注意事项见表1-3。

表1-3 不同镁肥种类、水溶性及使用注意事项

| 名称 | 化学式 | 水溶性 | Mg含量/（mg/g） | 使用注意事项 |
|---|---|---|---|---|
| 方镁石 | $MgO$ | 稍溶 | 540 | 适于在中等或较高降雨量的地区施用，尤其是酸性土壤 |
| 硫镁矾 | $MgSO_4 \cdot H_2O$ | 溶解 | 160 | 一种速效镁肥 |
| 泻盐 | $MgSO_4 \cdot 7H_2O$ | 较高 | 96 | 特别适合pH较高的石灰性土壤，效果显著，但是价格较贵 |
| 无水钾镁矾 | $2MgSO_4 \cdot K_2SO_4$ | 易溶 | 100 | 不适合在土壤中钾含量较高和植物中镁浓度较低时使用 |
| 软钾镁矾 | $MgSO_4 \cdot K_2SO_4 \cdot 6H_2O$ | 易溶 | 56 | 不适合在土壤中钾含量较高和植物中镁浓度较低时使用 |
| 水镁石 | $Mg(OH)_2$ | 稍溶 | 390～400 | 可优先用于酸性或者沙性土壤 |
| 白云石 | $MgCO_3 \cdot CaCO_3$ | 不溶 | 120 | 需要磨细才能达到高效，尤其适用于酸性土壤，不仅增加土壤pH，还能提供镁 |
| 硝酸镁 | $Mg(NO_3)_2 \cdot 6H_2O$ | 易溶 | 70～80 | 尤其适合无土栽培使用，但成本高，一般不用 |

园艺植物需镁量相对较大，在土壤有效镁含量低于60mg/kg时，需要施镁肥。对中性及碱性土壤，宜选用速效的水溶性酸性镁肥，如硫酸镁（施用量为10～13kg/亩）；对酸性土壤，宜选用缓效性的镁肥，如白云石等。叶面施肥时，硫酸镁水溶液的喷施浓度大致是：果树为0.5%～1%，蔬菜为0.2%～0.5%。

# 八、铁

（一）营养功能

（1）铁是许多植物酶系统的重要组成部分，如细胞色素氧化酶（参与电子传递）和细胞色素（参与末端呼吸步骤）。

（2）铁是蛋白质铁氧还蛋白的组成部分，是$NO_3^-$和$SO_4^{2-}$还原、氮（$N_2$）同化和能量（NADP）产生所必需的元素。

（3）铁可参与叶绿素的合成。铁可作为催化剂或与叶绿素形成有关的酶系统的一部分起作用。缺铁会导致叶片中叶绿素含量降低，叶绿素与蛋白质结合的牢固性降低。

（4）铁被认为参与蛋白质合成和根尖分生组织的生长。

（二）形态缺素症状

（1）缺铁的形态症状主要是幼叶失绿。开始时叶色变淡，叶脉间失绿而黄化，但叶脉仍保持绿色［图1-9（1），图1-9（2）］。

（2）缺铁严重时，整个叶片失绿甚至完全变白。

（3）双子叶植物比单子叶植物更容易表现缺铁症状。

（4）大多数果树如柑橘、梨、桃、樱桃、葡萄等很容易缺铁，蔬菜作物大豆、甘蓝、番茄也易出现缺铁现象。

（5）生长在南方酸性土壤上的花卉移栽至北方石灰性土壤上，出现缺铁的现象也很普遍。

（1）紫荆　　　　　　　　　　　　　（2）豆类植物

图1-9　紫荆和豆类植物的缺铁症状

（三）铁肥种类和合理使用

园艺植物栽培中，常使用的铁肥包括无机铁肥（硫酸亚铁，化学式为$FeSO_4 \cdot 7H_2O$，含铁19%，为淡绿色粉末，易溶于水，可基施和喷施0.2%~2%）、螯合铁肥（一般源于对铁有高度亲和力的有机酸与无机铁盐中的$Fe^{3+}$螯合而成，常见螯合剂如乙二胺四乙酸、二乙基三胺五乙酸等，可使用在不同pH的土壤上，肥效较高，但是价格比较昂贵）和有机复合铁肥（黄腐酸尿素铁，可提高铁的流动性，促进铁的运输，肥效好、有效期长；尿素铁肥，既含铁又含氮素，可改善铁和氮素营养，效果也比较好；腐殖酸铁）。

此外，植物缺铁也与土壤环境和理化性状有关。例如，土壤碱性越强（pH>7），铁与土壤中的负离子结合得越牢固，铁的溶解度也越低；土壤中碳酸钙含量越高，使铁与碳酸根形成更难溶的化合物；土壤水饱和度过高，土壤颗粒间的空隙被水填充，造成还原的环境，铁会形成难溶的化合物，如积水的果园常出现缺铁现象。

## 九、锰

### （一）营养功能

（1）锰参与植物的光合作用，因为锰为叶绿体的结构物质，又在叶绿素合成中起催化作用。

（2）锰参与光合作用电子传递系统中的氧化还原过程。

（3）锰是光系统Ⅱ中光解必需的氧化剂，参与氧化还原反应。

（4）锰作为ATP和酶复合物磷酸激酶和磷酸转移酶的桥梁，并激活吲哚乙酸氧化酶。

（5）锰能加速蛋白质的合成，提高氮的利用效率。

（6）锰能改善物质运输的能量供应，特别能使蔗糖由叶运向果实和根，促进近成熟果实的呼吸作用以及花粉发芽和花粉管的伸长及种子膨大。

### （二）形态缺素症状

（1）对于双子叶植物，缺锰会导致生长减少或发育迟缓，幼叶上可见脉间黄化（图1-10），叶脉间叶片失绿、有突起，叶子边缘起皱；严重时，叶片失绿相连，并出现褐色斑点，呈烧灼状，并停止生长。

（2）缺锰会导致谷类植物的下叶出现灰色斑点，豆科植物的子叶出现坏死区域（沼泽斑）。

图1-10 柑橘的缺锰症状

### （三）锰肥种类和合理使用

园艺植物生产中常用的锰肥主要是硫酸锰（含锰26%～28%，淡红色颗粒结晶，易溶于水）、氧化锰（含锰41%～68%）、Mn-EDTA（含锰5%～12%）、难溶性锰肥（大多用作基肥）。

由于锰在土壤中易失活，土壤施用效率非常低，因此最好作为叶面喷施。行施磷肥可提高锰的利用率和吸收量。

硫酸锰作叶片喷施时，浓度以0.05%～0.1%为宜，果树以0.3%～0.4%最为恰当。

## 十、硼

### （一）营养功能

（1）硼在RNA形成的一个碱基合成中起重要作用。

（2）硼参与细胞活动（如分裂、分化、成熟、呼吸、生长等），促进分生组织的生长和根的发育，参与碳水化合物在植物体内的分配和运转，提高结实率和坐果率。

（3）硼长期以来与花粉萌发和生长有关，可提高花粉管的稳定性。硼对花粉管的形成是必要的，对花粉的萌发和花粉管的伸长具有刺激作用。在植物中，花的硼含量最高，其中又以柱头和子房为最高，因此，硼对生殖器官的发育至关重要。

（4）硼能促进植物早熟以及改善植物品质。黄瓜、番茄施硼可提高维生素C含量；苹果、柑橘施硼可提高含糖量，降低含酸量等。

（5）硼在植物中相对难移动，主要在木质部运输。

### （二）形态缺素症状

（1）植物缺硼时，根尖和茎生长点分生组织细胞的生长会受到抑制，严重时生长点萎缩坏死。

（2）缺硼会导致叶片木质化［图1-11（2）］，这是由缺硼植物咖啡酸和绿原酸有所累积导致的。缺硼会使生长素在生长点积累，导致茎叶变脆。

（3）缺硼植物不能形成或形成不正常的花器官，表现为花药和花丝萎缩，花粉粒发育不能健康进行。油菜缺硼引起"花而不实"（缺硼油菜能正常开花，但柱头失去附着花粉的能力，药室壁被破坏而失去弹散能力，花粉黏结成块而萌发率低，因此造成只开花而不结籽），板栗缺硼引起空苞，花生缺硼引起"果而不仁"。缺硼会导致花芽分化不良，顶芽和花蕾枯死，受精不正常，落花落果严重，缩果［图1-11（1）］。

（1）草莓　　　　　　　　　　　　　　　　（2）柑橘

图1-11　草莓和柑橘的缺硼症状

（三）硼肥种类和合理使用

园艺植物栽培中，通常使用硼砂（含硼 11.3%，白色半透明细结晶，微溶于冷水，较易溶于 40℃以上的热水，饱和水溶液呈碱性，pH 为 9.1～9.3，主要用于土壤施肥和叶面喷施）、硼酸（含硼 17.5%，白色结晶或粉末，溶于水，呈酸性，pH 为 5.13，多用作叶面喷施）、硼泥（含硼 0.5%～2.0%，灰白色粉末，溶于水，呈碱性，必须中和碱性后使用。由于含硼量较少，只适合作基肥）和含硼过磷酸钙（含硼 0.6%，灰黄色粉末，溶于水，宜作基肥）（宋立美，2005）。

因过量施用石灰，导致缺硼的红壤、黄棕壤等酸性土壤；pH>7 的土壤，特别是强石灰性的土壤，土壤中水溶性硼为三价氧化物及黏土矿物所吸附固定，导致缺硼；因土壤干旱或地势低洼、排水不良，导致缺硼的土壤，都应补施硼肥。一般在土壤水溶性硼含量少于 0.5mg/kg 时，施用硼肥具有良好效果。一般，初蕾期采用叶面喷施 800～1000 倍的硼砂或硼酸溶液，间隔 5～7d，连喷 2～3 次。在阴天全天或晴天下午四点后喷施效果较好。

# 十一、锌

（一）营养功能

（1）锌是多种酶的组成成分和激活剂　含锌的酶类包括碳酸酐酶、乙醇脱氢酶。锌也是蛋白质酶、肽酶的必要组成成分。锌还是谷氨酸脱氢酶、苹果酸脱氢酶及异构酶、醛缩酶、RNA 和 DNA 聚合酶等的激活剂。锌对植物体内多种酶起调节、稳定和催化的作用。碳酸酐酶活性可作为缺锌的指标。此外，锌在吡啶核苷酸脱氢酶、乙醇酸脱氢酶、G-6-P脱氢酶、谷氨酸脱氢酶、苹果酸脱氢酶、二肽酶等酶中，或直接作为组成成分，或以辅助因子形式对植物体的物质水解、氧化还原过程和蛋白质合成等起着重要作用。

（2）锌影响生长素的合成　锌是吲哚乙酸（IAA）生物合成所必需的元素。植物体的色氨酸是 IAA 合成的前体物质，只有锌的参与才能使合成色氨酸的酶表现最大活性。因此，保证新梢生长健旺必须供应植株一定量的锌。

（3）锌与植物的光合作用密切相关　超微结构观察表明，缺锌时叶片（如苹果）细胞内基质发生降解，叶绿体片状结构被破坏，细胞壁有气泡和突起物。因此，缺锌影响叶片的正常光合作用，使光合产物不能正常运转。

（4）磷和锌的拮抗　高磷会干扰锌的代谢，并影响根对锌的吸收。

（二）形态缺素症状

（1）缺锌的植物幼叶褪绿、黄白化，脉间变黄，出现黄斑花叶。如图1-12（1）所示，缺锌的柑橘新叶叶脉间黄化，新叶小，窄，尖向上。

（2）缺锌的植物幼叶叶形显著变小，常发生小叶丛生，称为小叶病、簇叶病等；严重时，新梢的基部叶片逐渐向上脱落，分枝少，只留几簇顶端小叶，形成"光枝"。如图1-12（2）所示，左边为桃树正常叶，右边为缺锌枝条，分枝少。

（3）缺锌的植物生长缓慢，茎节间缩短，甚至节间生长完全停止；严重时枝条死亡，根系生长差。

（4）果树缺锌主要表现在影响花芽形成，导致果实小、畸形，最终影响果实产量、品质以及果树的寿命。

（5）蔬菜缺锌易引起缺绿症，早期缺锌导致植株矮化、叶色发黄或出现铜青色斑点；严重时，导致蔬菜早衰、枯死。

（1）柑橘　　　　　　　　　　　（2）桃树

图1-12　柑橘和桃树的缺锌症状

（三）锌肥种类和合理使用

园艺产品生产中，常使用的锌肥主要包括七水硫酸锌（无色结晶颗粒，易溶于水，水溶液呈弱酸反应）、氧化锌和"蓝色晶典"多元微肥（一种含有锌、硼、锰、钼、铜、铁6种微量元素，同时含有多种调节剂的复合型增产剂，晶状粉剂）等。

锌肥属于生理酸性肥料，最好不要与碱性农药一同施用。但锌肥可以同酸性的叶面肥一起施用。锌肥最好不要与高浓度磷酸二氢钾一同施用，两者会产生拮抗作用。果树根系发育受阻（如耕层下有硬盘层）和酸性土壤上施用过量石灰易出现缺锌，需要施锌肥。

# 十二、钼

## （一）营养功能

（1）钼是两个主要酶系统——固氮酶和硝酸还原酶的组成部分，其中固氮酶参与硝酸盐（$NO_3^-$）转化为铵（$NH_4^+$）。

（2）如果植物可利用的主要氮是$NH_4^+$，则对钼的需要量明显降低。

（3）钼可以促进维生素C的合成，尤其在酸性土壤上。同时，钼也能提高叶绿素的稳定性，减少叶绿素在黑暗中的破坏，改善能量供应。

（4）钼以钼酸盐（$MoO_4^{2-}$和$HMoO_4^-$）的形式进入植物体内。

（二）形态缺素症状

（1）缺钼症状通常类似缺氮，即老叶和中间叶首先褪绿，失绿部位在叶脉间的组织，形成黄绿色或橘红色的叶斑［图1-13（1）］。在某些情况下，叶缘卷曲、枯萎，严重时植物其他部位逐渐出现黄化、凋萎以至于坏死。

（2）成熟叶片有的尖端有灰色、蓝色皱褶或坏死斑点，叶柄和叶脉干枯。

（3）植物生长和花的形成受到限制。

（4）十字花科和豆科作物对钼的需求很高。在花椰菜中，缺钼时细胞壁的中间层不能完全形成，只形成叶肋，严重时呈鞭尾现象［图1-13（2）］（其症状是叶片出现浅黄色失绿叶斑，由叶脉间发展到全叶。叶缘为水渍状或膜状，部分透明，迅速枯萎，叶缘向内卷曲，有时在叶缘发病以前，叶柄先行枯萎，在全叶枯萎时仍不脱落，老叶呈深绿色到蓝绿色，严重时叶缘全部坏死脱落，只余下主脉和靠近主脉处有少量叶肉，残余的叶肉使叶片成为狭长的畸形，并且起伏不平）。鞭尾现象是一种常用的描述钼缺乏的术语。

（1）柑橘　　　　　　　　　　　　　（2）花椰菜

图1-13　柑橘和花椰菜的缺钼症状

（三）钼肥种类和合理使用

园艺植物生产上，常用的钼肥主要有钼酸铵［$(NH_4)_6Mo_7O_{24}\cdot4H_2O$，含钼54.3%，易溶于水，是一种应用较广泛的钼肥］、钼酸钠（$Na_2MoO_4\cdot2H_2O$，含钼35.5%，易溶于水）、"蓝色晶典"多元微肥（一种含有锌、硼、锰、钼、铜、铁6种微量元素，同时含有多种调节剂的复合型增产剂，晶状粉剂，用量少、收益高，一般在农作物生育期间喷施3次左右即可有效预防微量元素缺乏症，减少落花落蕾，增加产量）。

在土壤中，钼被铁和铝氧化物强烈吸收，其形成与pH有关。土壤pH增加一个单位，$MoO_4^{2-}$的有效性就增加十倍，所以，在酸性土壤上使用石灰中和酸性，钼的有效性会提高，可以满足园艺植物对钼的需求。如果未施石灰改土，则需增施钼肥。

磷肥和钼肥相互促进吸收，因此两者配合施用，肥效显著。如果单施磷肥，则易出现缺钼现象。同样地，锰与钼拮抗，使得酸性土壤中锰的含量增加，更进一步地导致钼的含量下降。

豆科植物土壤缺钼的临界值是0.15mg/kg，边缘值为0.15～0.20mg/kg。正常植物钼含量为0.34～1.5mg/kg，高钼含量（>10mg/kg）的饲料会对牛，特别是对铜钼平衡需求敏感的奶牛健康造成严重的危害。

# 十三、铜

## （一）营养功能

（1）铜是叶绿体蛋白质体青素的组成成分。

（2）铜在光合作用过程中作为连接光系统Ⅰ和光系统Ⅱ的电子传递系统的一部分以及参与光合磷酸化。

（3）铜参与蛋白质和碳水化合物代谢以及氮固定，特别是亚硝酸和亚硝酸还原酶的活化剂。

（4）铜是植物体内许多氧化酶（如细胞色素氧化酶、抗坏血酸氧化酶和多酚氧化酶）的组分。

（5）铜参与脂肪酸的去饱和和羟基化。

## （二）形态缺素症状

（1）缺铜植物生长减少或发育不良，幼叶扭曲，枝条细软弯曲成"S"状，新叶失绿、出现坏死斑点，叶尖发白，顶端分生组织坏死，常产生"顶枯病"。缺铜柑橘的叶脉扭曲［图1-14（1）］，出现顶枯且枝条呈赤褐色［图1-14（2）］。

（1）叶脉扭曲　　　　　　　　　　　（2）顶枯且枝条呈赤褐色

图1-14　柑橘的缺铜症状

（2）在树木中，缺乏铜可能会导致嫩叶白化和夏季枯死。

### （三）铜肥种类和合理使用

园艺植物栽培中，常用的铜肥有：①五水硫酸铜（$CuSO_4 \cdot 5H_2O$，含铜量为25%，易溶于水。叶面喷施控制浓度在0.02%以下，基肥施用量为1kg/亩，每隔3年左右施用一次，浸种则为0.01%～0.05%）；②氧化铜（含铜量为75%，难溶于水）和氧化亚铜（含铜量为89%，难溶于水），一般与有机肥混合作基肥；③络合铜肥，包括乙二胺四乙酸铜钠盐（含铜量为13%）、羟乙基乙二胺三乙酸铜钠盐（含铜量为9%），均易溶于水，喷施、浸种均可。

## 十四、氯

### （一）营养功能

（1）氯参与光合作用过程中光系统Ⅱ中氧（$O_2$）的演化。

（2）氯能维持细胞渗透压，并能促进植物对铵离子和钾离子的吸收。

（3）氯能影响气孔调节。

（4）氯能增加植物组织的水合作用，具有束缚水的能力，有助于作物从土壤中吸取更多的水分。

（5）氯可以抑制各类病害，如小麦的叶斑病、大麦的根腐病等。

### （二）形态缺素症状

（1）缺氯植物的幼叶褪绿，叶尖干枯黄化，严重时坏死，植株枯萎。莴苣、甘蓝缺氯表现为叶片萎蔫，根短粗呈棒状，幼叶叶缘上卷呈杯状。在蒙大拿州的冬小麦和硬粒小麦品种中观察到，氯浓度不足的植株沿叶片呈褪绿和坏死斑点状，叶片之间有突兀的边界在死亡组织和活组织之间（图1-15）。边缘叶片的萎黄和高度分枝的根系也是典型的氯缺乏症状，主要见于谷类作物。氯缺乏症具有高度的品种特异性，很容易被误认为是生理性叶斑病。

（2）缺氯在大多数植物中是不常见的。然而，对于某些土壤地区的小麦和燕麦，缺乏氯与病害侵袭有关。

图1-15　水培WB881硬粒小麦的缺氯症状

### （三）氯肥种类和合理使用

园艺植物栽培中，常用的氯肥主要有氯化铵和氯化钾等，在水田、旱地都可使用，注意不要用于忌氯作物（如马铃薯、苋菜、葡萄、甘蔗、柑橘、茶、苹果、辣椒、白菜、莴笋等）上。

在许多肥料中有微量的氯，在大多数情况下足以满足作物对氯的需求。此外，$NO_3^-$ 和 $Cl^-$ 产生竞争作用（若需要促进 $Cl^-$ 吸收，则减少 $NO_3^-$ 施入）。

## 十五、硫

### （一）营养功能

（1）硫参与光合作用。硫以硫脂方式组成叶绿体基粒片层，形成铁氧还蛋白的铁硫中心参与暗反应。

（2）硫参与蛋白质和脂类的合成。硫是半胱氨酸和甲硫氨酸的组成成分。二硫键（–S–S–）在蛋白质的结构与功能上起着重要作用。

（3）硫存在于谷胱甘肽、辅酶A和维生素B以及芥菜油和硫醇等糖苷中，这些糖苷为十字花科和百合科植物提供了特有的气味和味道。

（4）硫能减少许多植物的发病率。

### （二）形态缺素症状

（1）缺硫的整个植株由于蛋白质、叶绿素的合成受阻，最初新叶呈浅黄绿色［图1–16（1），图1–16（2），图1–16（3）］；根比正常的长，茎变成木质；豆科植物的根瘤减少。在以后的生长中，整个植株可能是淡绿色的。此外，缺硫的植株往往又细又小，茎通常很细。如图1–16（3）所示，左边为缺硫的小麦，其叶片呈淡绿色，生长发育不良。

（2）有趣的是，为了获得适当的叶色，烟草被设计缺硫。

（1）鳄梨　　　　　　　（2）番茄　　　　　　　（3）小麦

图1–16　鳄梨、番茄和小麦的缺硫症状

（3）缺硫症状有时会与缺氮症状混淆，尽管缺氮症状通常影响整个植株，但缺氮症状最初发生在植株较老的部分，而缺硫症状在幼叶先出现。

（4）在沙质和（或）酸性土壤中，新生植物经常出现缺硫症状，但缺硫症状随着植物根系进入底土而消失，因为在这种土壤条件下，硫作为$SO_4^{2-}$倾向于在底土中积累；干旱可能减少植物对硫的吸收，从而导致硫的缺乏。

### （三）硫肥种类和合理使用

生产上常用的硫肥包括硫黄（颗粒很细的硫黄施入土壤后在土壤微生物参与下迅速氧化为硫酸盐，被植物吸收利用）、石膏以及其他含硫肥料（如硫酸铵、过磷酸钙、硫酸钾等）。

一般土壤有机质含量高，含硫量也高。在干旱地区，硫多以钙、镁、钠、钾的硫酸盐形态存在于土层中。在我国北方土壤中，硫多以硫酸盐形态存在，常导致"盐害"问题，而南方由于无机硫易淋失，因此土壤硫以有机态为主。

在碱土（含碳酸钠和重碳酸钠，土壤胶体以钠胶体为主）中施用石膏，石膏可与土壤溶液中的碳酸钠、重碳酸钠起化学反应，形成硫酸钠，同时石膏中的$Ca^{2+}$可置换土壤胶体上的$Na^+$，形成不易分散的钙胶体。因此，石膏、硫黄、硫酸亚铁、黄铁矿、亚硫酸钙、硫酸铝和风化煤等也都可作为碱土的化学改良剂。

## 参考文献 \\\\\

［1］CHEN C T, LEE C L, YEH D M. Effects of nitrogen, phosphorus, potassium, calcium, or magnesium deficiency on growth and photosynthesis of Eustoma [J]. HortScience, 2018, 53 (6): 795–798.

［2］DUAN S Y, ZHANG C J, SONG S R, et al. Understanding calcium functionality by examining growth characteristics and structural aspects in calcium–deficient grapevine [J]. Scientific Reports, 2022, 12 (1): 3233.

［3］DUMANOVIĆ J, NEPOVIMOVA E, NATIĆ M, et al. The significance of reactive oxygen species and antioxidant defense system in plants: a concise overview [J]. Frontiers in Plant Science, 2021, 11: 552969.

［4］FOTH H D. Fundamentals of Soil Science [M]. New York: John Wiley & Sons, 1990.

［5］KARTHIKA K S, RASHMI I, PARVATHI M S. Biological functions, uptake and transport of essential nutrients in relation to plant growth [M] //HASANUZZAMAN M, FUJITA M, OKU

H, et al. Plant nutrients and abiotic stress tolerance. Singapore: Springer Nature Singapore Pte Ltd., 2018: 1–49.

［6］MALHOTRA H, VANDANA, SHARMA S, et al. Phosphorus nutrition: plant growth in response to deficiency and excess [M] //HASANUZZAMAN M, FUJITA M, OKU H, et al. Plant nutrients and abiotic stress tolerance. Singapore: Springer Nature Singapore Pte Ltd., 2018: 171–190.

［7］MCCAULEY A, JONES C, JACOBSEN J. Plant nutrient functions and deficiency and toxicity symptoms [J]. Nutrient Management Module, 2009 (9): 1–16.

［8］MENGEL K, KIRKBY E A. Principles of plant nutrition. Bern: International Potash Institute Worblaufen, 1982.

［9］TIGHE–NEIRA R, ALBERDI M, ARCE–JOHNSON P, et al. Role of potassium in governing photosynthetic processes and plant yield [M] //HASANUZZAMAN M, FUJITA M, OKU H, et al. Plant nutrients and abiotic stress tolerance. Singapore: Springer Nature Singapore Pte Ltd., 2018: 191–203.

［10］TUCKER T C. Diagnosis of nitrogen deficiency in plants [M] //HAUCK R D. Nitrogen in Crop Production. Madison: ASA–CSSA–SSSA, 1984: 247–262.

［11］WIEDENHOEFT A C. Plant Nutrition [M]. New York: Chelsea House Publishers, 2006: 1–144.

［12］侯宗贤，郭新正. 科学施肥 铁素营养和铁肥施用［J］. 新疆农业科技，1993（6）：30.

［13］侯宗贤. 科学施肥 第六讲 铜素营养及铜肥施用［J］. 新疆农业科技，1994（2）：26–27.

［14］林敏霞，张晓东，邱美欢，等. 植物镁素生理功能及镁素营养诊断和施用［J］. 热带农业科学，2016，36（3）：39–43.

［15］宋立美，李钦芬，张庆刚，等. 硼肥及其在作物上的应用［J］. 现代农业，2005（1）：37.

［16］田春莲，钟晓红. 园艺植物锌素营养的研究［J］. 安徽农业科学，2005，32（2）：331–332.

［17］王政. 镁肥的种类及在作物上的应用［J］. 农村实用技术，2005（3）：32.

［18］薛鑫，张芊，吴金霞. 植物体内活性氧的研究及其在植物抗逆方面的应用［J］. 生物技术通报，2013（10）：6–11.

［19］薛勇. 钾肥主要种类及正确施用方法［J］. 农村天地，2003（12）：20.

［20］张晓东. 锌肥的作用和施用方法［J］. 现代农村科技，2022（10）：64.

# 第二章　植物对营养元素的吸收、运输与分配

　　植物对营养元素的吸收、运输与分配是植物营养的基础，是进行营养诊断的重要理论，是营养缺素发生部位的重要判断标准。学习植物营养的生物学机制，可以激发求知欲和对未知事物的探究力。美国细胞生物学家辛格（Singer）和诺贝尔奖提名者尼科尔森（Nicolson）共同建立了细胞膜的流动镶嵌模型。2003年，彼得·阿格雷（Peter Agre）和罗德里克·麦金农（Roderick MacKinnon）因发现水通道蛋白和离子通道蛋白而被授予诺贝尔化学奖。这些为揭秘植物营养的生物学机制提供了重要的理论。

## 第一节　根系对营养元素的吸收

### 一、根系的功能

　　根系是植物吸收养分和水分的主要器官，也是养分和水分在植物体内运输的重要部位，它在土壤中能固定植物，保证植物正常受光和生长，并能作为养分的储藏库。在有些植物根细胞内还进行着许多复杂的生物化学过程，如还原大量的$NO_3^-$和$SO_4^{2-}$，或是合成某些植物激素和生物碱等。根系也有抵御外来损伤（如化学物质毒害等）的功能。

　　根系功能和根系与土壤的接触面积对整个植物的生长发育有显著影响。根系功能的任何损害都会明显表现为植物地上部分外观的变化。根系依靠植物叶片光合作用为其提供生长所需的能量和碳水化合物，而植物的地上部分则通过根系的吸收和转运获取水分和矿质元素。根系功能的能量来自呼吸作用，发生在有氧环境（必须有氧气）中。因此，即使没有物理限制，根通常也不会轻易地生活在厌氧（缺乏氧气）的生根环境，即使整体土壤肥力水平足以满足植物的需要，也可能发生植物必需元素不足的情况。根系发育程度和植物外观更多地受生根介质的影响。植物根系可以改变生根环境的物理和化学性质，从而克服影响植物生长的条件并增强其在逆境条件下的生长能力。

　　每条根系从先端开始，依次可以分为根冠、分生区、伸长区、成熟区（根毛区）（图2-1）。根系各个区域的养分吸收见表2-1。

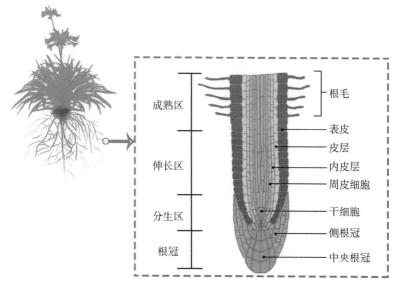

图2-1　植物根系剖面图

表2-1　根系各个区域的养分吸收

| 根系区域 | 养分吸收 |
| --- | --- |
| 根冠 | 生理活性旺盛，细胞吸收养分的能力较强，但输导系统尚未完成，主要起引导的作用 |
| 分生区 | 对养分和水分的透性差，以质外体运输养分为主 |
| 伸长区 | 已吸收养分，输导组织还没有完全分化，以质外体运输为主 |
| 成熟区（根毛区） | 内皮层形成了凯氏带，阻止了质外体中的养分直接进入维管束的木质部。因此，养分的运输主要以共质体形式进行，是植物吸收养分的主要部位。此外，接近主根的成熟区外周木栓化程度高，细胞壁透性降低，水分和养分难以进入 |

## 二、菌根对营养元素的吸收

土壤中的菌根真菌可以侵入宿主根系，在根细胞内形成菌根共生体，其特征是宿主提供菌根真菌所需的碳水化合物，主要是脂质，反过来，菌根真菌帮助宿主吸收和转移水分和养分，达到互惠互利的作用。常见的菌根类型有丛枝菌根（arbuscular mycorrhizae）、外生菌根等（图2-2）。绝大多数的园艺植物都属于丛枝菌根类型，即在根系皮层细胞形成丛枝（arbuscule）的结构，偶尔可见泡囊（vesicle），其在根系的形成过程见图2-3。然而，十字花科等植物不能被菌根真菌侵染，有些作物如核桃的菌根类型既是丛枝菌根又是外生菌根。园艺植物根际存在大量的土著菌根真菌，其对于宿主的生长和环境适应性至关重要。因此，根际菌根真菌种群的多样性和种质资源对于宿主吸收养分和健康生长是关键，也是当前的研究热点。

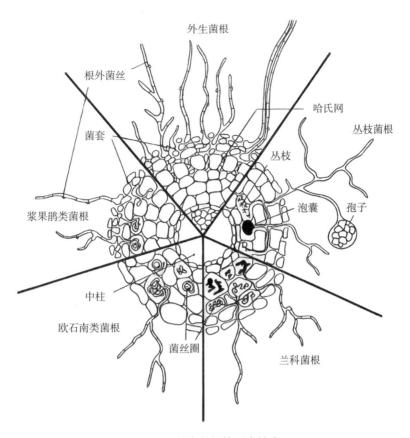

图2-2　各类菌根的形态特点

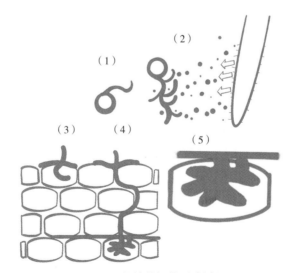

图2-3　丛枝菌根的形成过程
（1）土壤中自我萌发的孢子；（2）共生双方初期的信号感知（预共生）；
（3）附着胞的形成及菌丝的穿刺；（4）菌丝的蔓延和丛枝的形成；（5）丛枝的结构

植物对矿质元素的吸收主要有两种途径：一种是通过植物直接吸收完成，如根毛；另一种是依靠菌根的根外菌丝，简称菌根途径。菌根的根外菌丝非常细小，可以延伸到根系所不能穿过的土壤颗粒和不能接触的区域，从而扩大了吸收的面积。大量的研究已经证明，丛枝菌根真菌能显著促进园艺植物对土壤中的P、Zn、Cu、K的吸收，对N、Mg、Mn、S、Ca等也有一定的作用。根外菌丝对矿质元素的贡献率分别为P为80%、N为25%、K为10%、Zn为25%和Cu为60%（Marschner et al.，1994）。丛枝菌根对园艺植物矿质营养的作用与园艺植物的基因型、丛枝菌根真菌的种类和生态型、土壤环境（与土壤肥力不一定相关）、菌根侵染率密切相关。在一个给定的菌根侵染水平下，丛枝菌根对营养的有效性能被丛枝和根外菌丝的范围、生存能力和运输能力调节。

菌根促进根系养分吸收的机制包括：①根系表面形成了发达的菌根根外菌丝网络，增加了养分的接触面积，且直接参与养分的吸收，并在含丛枝的皮层细胞内释放养分。②临近的植物之间通过根外菌丝网络相互连接，形成菌丝桥，在两个植物之间进行养分的传递。③菌根真菌可通过释放有机酸、土壤酶，活化土壤中被固定的矿质养分，从而被植物或菌丝吸收；通过根外菌丝上较低$K_m$值（米氏常数，其值是当酶促反应速度达到最大反应速度一半时的底物浓度，是酶的最重要的特征性常数）的矿质养分转运蛋白，保证养分从土壤至根外菌丝的转运效率；通过矿质养分在菌丝内运输形式的改变，增强养分的运输速率；通过诱导共生植物矿质养分转运蛋白表达，提高植、菌间养分的转运效率（舒波等，2016；屈明华等，2019）。

目前，菌根促进宿主对土壤磷吸收的研究非常充分，且相关的机制也得到了验证，具体表现在：①菌根真菌能提高宿主植株对磷元素的摄取效率，降低土壤中因淋洗和反硝化造成的养分流失。菌丝从土壤中摄取磷元素，转变为可溶性的多聚磷酸盐后传递到根内真菌组织的被动运输，在转运至丛枝周腔前将多聚磷酸盐降解为磷酸盐，最后通过丛枝界面卸载到植株根系皮层细胞中。②菌根真菌能改变宿主植株的根系形态和菌丝网络的形成，扩大植株对养分的吸收范围。③菌根真菌能释放有机酸、磷酸酶和质子等根系分泌物，改变土壤结构和理化性质，与根际微生物（如溶磷细菌在根系的定殖数量也逐渐增加）共同作用降解土壤中难溶性磷酸盐。④菌根真菌能诱导相关磷转运蛋白基因的特异性表达，提高植株对磷的转运能力而促进其吸收（薛英龙等，2019）。植物对磷的吸收机制包括植物途径和菌根途径，具体见图2-4。

## 三、根细胞对养分离子的积累特点

一般来说，虽然土壤或营养液中矿质养分的浓度与植物对其实际需要量之间存在着很大的差异，但植物却能在这些介质中正常生长，其主要原因是植物对养分离子的吸收具有选择性。高等植物根细胞对离子态养分选择性吸收的特点是非常明显的。当植物在一定体积的营养液中生长时，营养溶液的浓度在几天内就会发生明显的变化（表2-2）。

图2-4　菌根化根系的两条吸收磷素的途径

表2-2　玉米和菜豆介质和根液中离子浓度变化

| 离子种类 | 介质中的离子浓度/（mmol/L） | | | 根液中的离子浓度/（mmol/L） | |
|---|---|---|---|---|---|
| | 初始 | 4d后 | | 玉米 | 菜豆 |
| | | 玉米 | 菜豆 | | |
| $K^+$ | 2.00 | 0.14 | 0.67 | 160 | 84 |
| $Ca^{2+}$ | 1.00 | 0.94 | 0.59 | 3 | 10 |
| $Na^+$ | 0.32 | 0.51 | 0.58 | 0.6 | 6 |
| $H_2PO_4^-$ | 0.25 | 0.06 | 0.09 | 6 | 12 |
| $NO_3^-$ | 2.00 | 0.13 | 0.07 | 38 | 35 |
| $SO_4^{2-}$ | 0.67 | 0.61 | 0.81 | 14 | 6 |

## （一）选择性

从表2-2可以看出，$K^+$、$H_2PO_4^-$和$NO_3^-$的浓度明显降低，表示植物对养分吸收了。而且，植物对养分的吸收存在选择性，如大量元素$K^+$、$H_2PO_4^-$和$NO_3^-$在4d后外部浓度出现了明显的下降，而$Ca^{2+}$则下降幅度小，表示植物优先吸收了$K^+$、$H_2PO_4^-$和$NO_3^-$，而对$Ca^{2+}$吸收较少。这充分说明了根系对养分的选择性吸收。此外，$Na^+$和$SO_4^{2-}$的浓度不但没有降低，甚至略有提高。这表明植物吸收水分的速度比吸收这两种离子快。

## （二）累积性

植物对养分吸收的累积性表现在植物细胞汁液内某些养分的浓度远远高于介质中该养分的浓度。如表2-2所示，$K^+$在4d后菜豆根液中的浓度（84mmol/L）远高于外部介质中的浓度（0.67mmol/L），说明菜豆对养分具有累积性吸收的特性。

## （三）基因型差异

不同种类或同一种类不同基因型的植物对同种矿质养分的吸收也有所不同。如表2-2所示，玉米和菜豆对介质中矿质养分，特别是对$K^+$和$Ca^{2+}$的吸收大为不同。玉米偏向于吸收$K^+$和$SO_4^{2-}$，菜豆则偏向于吸收$Ca^{2+}$、$Na^+$和$H_2PO_4^-$。

矿质营养元素首先经根质外体到达根细胞原生质膜吸收部位，然后通过主动吸收或被动吸收跨膜进入细胞质，再经胞间连丝进行共质体运输，或通过质外体运输到达内皮层凯氏带处，再跨膜转运到细胞质中进行共质体运输。

# 四、养分向根部的迁移

土壤中的养分一般通过三条途径向根部迁移（图2-5）。

## （一）截获

截获是指通过根系表面积和菌根真菌在根系表面形成的根外菌丝与土壤接触，从而直接吸收养分的过程。这种路径受到土壤养分含量以及根系面积的影响，一般根系中也只有根毛区、分生区和伸长区具有截获的能力，而成熟区则非常低。因此，根系通过截获得到的养分相对较少，大约占10%。

## （二）质流

质流是指土壤溶液中的养分随着土壤水分的蒸腾而迁移到根系表面的过程。这种作用强烈地受到蒸腾作用以及土壤养分的溶解度和离子溶度的影响。

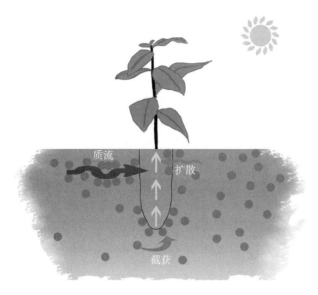

图2-5　养分向根系表面的迁移过程

（三）扩散

扩散是指介质养分通过溶度的变化进行扩散作用，从而迁移到根系表面的过程。这种作用受到土壤养分浓度梯度、养分离子扩散系数（如离子半径和电荷数）等影响。

养分向根系表面迁移的三条途径受到作物、养分种类的影响。比如，玉米在每公顷生产9500kg产量所需要的氮为190kg/hm²，其中截流、质流和扩散分别为2kg/hm²、150kg/hm²和38kg/hm²；磷为40kg/hm²，其中截流、质流和扩散分别为1kg/hm²、2kg/hm²和37kg/hm²；钾为195kg/hm²，其中截流、质流和扩散分别为4kg/hm²、35kg/hm²和156kg/hm²；钙为40kg/hm²，其中截流、质流和扩散分别为60、150和0kg/hm²。

根系吸收矿质元素的过程如下。

（1）把离子吸附在根部细胞表面　细胞吸附离子具有交换性质，故称交换吸附。

（2）离子进入根系内部导管　离子从根部表面进入根内部，可通过质外体和共质体两条途径。

（3）离子进入导管或管胞　离子通过主动过程和被动扩散从木质部薄壁细胞释放到导管或管胞。

## 五、根系表面对养分的吸收

（一）细胞膜

根系的表皮细胞由膜包围着。细胞质膜的组成成分主要是脂质和蛋白质（包括酶），另有少量糖类通过共价键结合在脂质或蛋白质上。一般蛋白质占60%～75%，脂类占

25%～40%，糖类占5%左右。膜脂是生物膜的基本组成成分，主要包括磷脂、糖脂和胆固醇，其中以磷脂含量最高，约占膜脂的50%以上，属于"兼亲性"分子，是各种膜的骨架，可以调控细胞多种功能；糖脂主要是半乳糖甘油二酯和双半乳糖甘油二酯，在细胞信息传递中起着十分关键的作用；胆固醇在调节膜的流动性、增加膜的稳定性以及降低水溶性物质的通透性等方面都起着重要作用。膜蛋白是赋予生物膜特殊功能的重要成分，蛋白质镶嵌于脂质双层之中，承担膜上特殊的泵、通道、受体、能量转换器、酶、信息转换和传递的功能。膜蛋白包括内嵌蛋白（一般不溶于水，依靠膜脂间疏水作用与脂双层紧密结合）、外周蛋白（位于脂双层的表面）、膜糖（膜中的糖一般与膜脂结合形成糖脂，或与膜蛋白结合形成糖蛋白）。

膜不是静止的，它是可以流动、断裂、重新组合或形成大泡囊后独立分隔开来的，它通过不断适应细胞的生长活动来组成或发展。膜能流动，与磷脂分子的相对运动有关。膜在高温下呈液相状态，在低温下转变成固相状态。

流动镶嵌模型是由辛格和尼科尔森在1972年提出来的，随后尼科尔森和马托斯（Mattos）于2022年进行了改良（图2-6）。一般组织细胞的细胞膜具有各种脂质和蛋白质结构域结构以及与膜相关的细胞骨架和细胞外结构。左侧的细胞膜被剥开，露出质膜下面。膜相关的细胞骨架元件可以排列形成潜在的屏障（围栏），这可能会限制一些整体跨膜蛋白的横向移动。此外，与膜相关的细胞骨架结构可以与内膜表面的一些整体膜蛋白以及外表面的基质或细胞外基质成分间接相互作用。虽然这张静态图展示了整体膜蛋白迁移受限的一些可能机制，但它并不能准确地反映膜组分、磷脂和脂质结构域的大小和结构、整体和外周膜蛋白或膜相关细胞骨架结构的动态变化。它也不能反映膜成分的实际拥挤程度或高密度状况（Nicolson et al.，2022）。

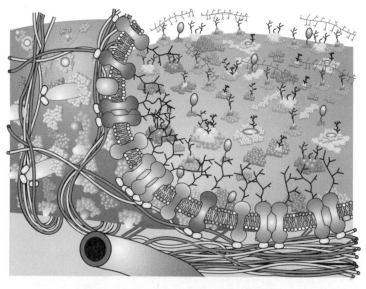

图2-6　改良后的流动镶嵌模型静态图

生物膜结构的基本特点：①膜一般由磷脂双分子层和镶嵌的蛋白质组成；②磷脂分子的亲水性头部位于膜的表面，疏水性尾部位于膜的内部；③有些与膜的表面相连的膜上蛋白质，称为外在蛋白质；有些是镶嵌在磷脂之间，甚至穿透膜的内外表面，称为内在蛋白质；④蛋白质在膜上的分布不均匀，使膜的结构不对称，部分蛋白质与多糖相连；⑤膜脂和膜蛋白是可以运动的；⑥膜厚 7 ~ 10nm。

生物膜可把细胞内的空间区域化（各区的pH、电位、酶系统和反应物各异），使得代谢反应有条不紊地进行。从整个膜结构来看，脂质双分子层使膜的透性减弱。膜上的蛋白质则与细胞的生理功能有关，反映了膜的功能。例如，催化化学变化的酶，执行离子跨膜运输的运输蛋白，负责特定离子进出细胞或细胞器的载体，传递内外环境化学信号的受体分子，等等。

细胞质膜具有让不同物质通过的选择性，表现为膜上各成分按需要调整其组合分布而利于控制物质进出细胞，又能使细胞经受一定程度的变形不至于破裂而具有了保护细胞内部的作用，从而保证了活细胞完成各种生理功能，是细胞膜具有选择透过性这一功能特性的基础。

活细胞的细胞膜具有选择透过性，可以让水分子自由地通过；蛋白质可以作为物质运输的载体，从而使膜具有主动运输（active transport）的功能；糖被的存在，与细胞保护、润滑、识别等功能有关。这样可保证细胞按生命活动需要吸收和排出物质；而物质选择性地透过细胞膜等各项生理功能的实施，又需要细胞膜的流动性这一结构特点来保障，这就是结构特点和功能特性的统一。

质膜的透性还表现出一种半渗透现象，由于渗透的动能，所有分子不断运动，并从高浓度区向低浓度区扩散，如质壁分离现象。一些盐类进入细胞的运动是一种物理现象。有研究表明，某些海藻可以保持体内碘的浓度比周围海水中碘的浓度高许多倍，可见物质进出细胞的机制不是单纯的物理作用而是相当复杂的生理作用。

### （二）离子的运输

#### 1. 被动运输

离子的被动运输主要是通过扩散作用进行的，不需要代谢供给能量，顺电化学势梯度进行。离子被动吸收方式如下。

（1）简单扩散 溶液中的离子存在浓度差时，将导致离子由浓度高的地方向浓度低的地方扩散，这称为简单扩散。简单扩散可使离子通过类脂（如亲脂性物质），也可通过载体和膜上含水孔隙（如亲水物质）被吸收。细胞内外浓度梯度决定着简单扩散。一般而言，$O_2$、$CO_2$、$N_2$ 等气体以及小而不带电荷的极性分子（如 $H_2O$ 和尿素等）能以简单扩散的方式通过磷脂双分子层进入膜内。

（2）杜南扩散 植物吸收离子的过程中，即使细胞内某些离子的浓度已经超过外界溶液离子浓度，外界离子仍能向细胞内移动，这是因为植物质膜具有半透性，在细胞内含有带负电荷的蛋白质分子（$R^-$），它虽然不能扩散到细胞外，但能够与阳离子形成相应的盐，如与$Na^+$生成NaR。

### 2. 主动运输

植物细胞逆浓度梯度（化学势或电化学势）、需能量的离子选择性吸收是离子的主动吸收过程，也称为代谢吸收。

主动运输的特点：①逆浓度梯度（逆化学梯度）运输；②需要能量（由ATP直接供能）或与释放能量的过程偶联（协同运输）；③都有载体蛋白。

主动运输所需的能量主要来源：①协同运输中的离子梯度动力；②ATP驱动的泵通过水解ATP获得能量；③光驱动的泵利用光能运输物质（见于细菌）。

总之，对物质的跨膜运输来说，一般的营养物质，尤其是离子，运输的主要动力是引起跨膜电位梯度的$H^+$–ATP酶。离子吸收与ATP酶活性之间有很好的相关性。

### 3. 离子通道运输

离子通道是细胞膜中由通道蛋白（channel protein）构成的孔道，控制离子通过细胞膜。它能形成亲水的通道，当通道打开时，能允许特定的溶质通过。当细胞外侧某一离子浓度高于内侧时，离子就顺着离子浓度梯度（ion concentration gradient）和膜电位差（membrane potential gradient）［两者合称为电化学势梯度（electrochemical potential gradient）］，被动地、单方向地通过跨膜的离子通道运输到膜内侧。质膜上的离子通道有$K^+$、$Cl^-$、$Na^+$、$Ca^{2+}$和$NO_3^-$通道等。

有些通道蛋白平时处于关闭状态，即"门"不是连续开放的，仅在特定刺激下才打开，而且是瞬时开放瞬时关闭，在几毫秒的时间里，一些离子、代谢物或其他溶质顺着浓度梯度自由扩散通过细胞膜，这类通道蛋白又称为门通道（gated channel）。

门通道可以分为四类：配体门通道（ligand-gated channel）、电位门通道（voltage-gated channel）、环核苷酸门通道（cyclic nucleotide-gated ion channel）和机械门通道（mechanosensitive channel）。不同通道对不同离子的通透性不同，即离子选择性（ionic selectivity）。这是由通道的结构所决定的，只允许具有特定离子半径和电荷的离子通过。根据离子选择性的不同，通道可分为钠通道、钙通道、钾通道、氯通道等。有些通道蛋白形成的通道通常处于开放状态，如钾泄漏通道，允许$K^+$不断外流。

研究表明，细胞膜上存在着阳离子通道（$K^+$、$Ca^{2+}$、$H^+$和$Na^+$通道）、阴离子通道（苹果酸离子通道、$NO_3^-$和$Cl^-$通道）和水通道（aquaporin），其中$NO_3^-$通道只在液泡膜上存在。液泡膜上的慢通道（slow vacuolar channel）允许一价阳离子和二价阳离子通过，而快通道（fast vacuolar channel）只允许一价阳离子通过。$K^+$通道是被研究最多和最深入的离子通道。$K^+$通道具有三种状态：开启、关闭和失活。目前认为S4段是电压感受器，S4段高度保守，属于疏水片段，但每隔两个疏水残基即有一个带正电荷的精氨酸或赖氨酸残基。S4段上的正电荷可能是门控电荷，当膜去极化时（膜外为负，膜内为正），引起带正电荷的氨基酸残基转向细胞外侧面，通道蛋白构象改变，"门"打开，大量$K^+$外流，此时相当于$K^+$的自由扩散。$K^+$电位门和Ach配体门一样只是瞬间（约几毫秒）开放，然后失活。此时N端的球形结构堵塞在通道中央，通道失活，稍后球体释放，"门"处于关闭状态。

### 4. 载体运输

载体又称载体蛋白（carrier protein）、通透酶（permease）和转运器（transporter），能够与特定溶质结合。载体蛋白有3种类型：单向转运体（uniporter）、同向运输器（symporter）和反向运输器（antiporter）。

单向转运体能催化分子或离子单方向地顺着电化学势梯度跨质膜运输。质膜上已知的由单向转运体运输的离子和分子有$Fe^{2+}$、$Zn^{2+}$、$Mn^{2+}$、$Cd^{2+}$和蔗糖等。同向运输器是指运输器与质膜外侧的$H^+$（或$Na^+$）结合的同时，又与另一离子或分子（如$NO_3^-$、$PO_4^{3-}$、$K^+$、氨基酸、肽、蔗糖等）结合，将两个转运物质朝同一方向运输。液泡膜上的同向运输器有蔗糖–$H^+$等。反向运输器是指运输器与质膜外侧的$H^+$结合的同时，又与质膜内侧的分子或离子（如$Na^+$）结合，两者朝相反方向运输。同向运输器和反向运输器具有运输两种不同溶质的能力，运输过程所需的能量由耦联的质子电化学势梯度［或称质子动力势（proton motive force）］提供。所以，在同向运输和反向运输过程中，胞外的$H^+$是顺着电化学势梯度进入细胞，而被载体同时运输的另一溶质则是逆着电化学势梯度进入细胞或运出细胞。载体运输既可以顺着电化学势梯度跨膜运输（被动运输），也可以逆着电化学势梯度进行（主动运输）。

### 5. 离子泵运输

离子泵是存在于细胞膜上的一种蛋白质，它在有能量供应时可使离子在细胞膜上逆电化学势梯度主动地吸收。离子泵能够在介质中离子浓度非常低的情况下，吸收和富积离子，致使细胞内离子的浓度与外界环境中相差很大。离子泵主要分为质膜$H^+$–ATP酶、液泡膜$H^+$–ATP酶、液泡膜$H^+$–焦磷酸酶和$Ca^{2+}$–ATP酶。

（1）质膜$H^+$–ATP酶　ATP驱动质膜上的$H^+$–ATP酶，将细胞内侧的$H^+$向细胞外侧泵出，使细胞外侧的$H^+$浓度增加，结果使质膜两侧产生了电化学势梯度。细胞外侧的阳离子就利用这种跨膜的电化学势梯度经过膜上的通道蛋白进入细胞内；同时，由于质膜外侧的$H^+$要顺着浓度梯度扩散到质膜内侧，所以质膜外侧的阴离子就与$H^+$一道经过膜上的载体蛋白同向运输（symport）到细胞内。

上述质子泵工作的过程，是一种利用能量逆着电化学势梯度转运$H^+$的过程，所以它是主动运输的过程，又称为初级主动运输（primary active transport）。由它所建立的跨膜电化学势梯度，又促进了细胞对矿质元素的吸收，矿质元素以这种方式进入细胞的过程便是一种间接利用能量的方式，称之为次级主动运输（secondary active transport）。质膜和液泡膜上的$H^+$–ATP酶依赖消耗ATP建立的跨膜质子电化学势梯度，是推动离子和小分子代谢产物跨膜运输的动力，如果这些$H^+$–ATP酶停止工作，则大部分离子跨膜运输也会受阻，影响各种生理活动。

（2）液泡膜$H^+$–ATP酶　液泡膜$H^+$–ATP酶的催化点位在细胞质一侧。在ATP水解过程中，它将$H^+$泵入液泡。

（3）液泡膜$H^+$–焦磷酸酶　$H^+$–焦磷酸酶（pyrophosphates）是位于液泡膜上的$H^+$泵，它利用焦磷酸（PPi）中的自由能量（而不是利用ATP），主动把$H^+$泵入液泡内，造成膜内外电化学势梯度，从而导致养分的主动跨膜运输。

（4）$Ca^{2+}$–ATP酶　$Ca^{2+}$–ATP酶又称钙泵，催化质膜内侧的ATP水解释放能量，驱动细胞内的$Ca^{2+}$泵出细胞，由于其活性依赖于ATP与$Mg^{2+}$结合，所以又称（$Ca^{2+}$，$Mg^{2+}$）–ATP酶。$Ca^{2+}$–ATP酶不只转运$Ca^{2+}$，也可能将1个$Ca^{2+}$转运出细胞质的同时，将2个$H^+$运入细胞质，从而保持电中性，因此，将这种酶称为$Ca^{2+}/H^+$–ATP酶。$Ca^{2+}$–ATP酶因存在位置不同，分为位于原生质膜的PM（plasma membrane）型、位于内质网的ER（endoplasm reticulum）型和位于液泡的V（vacuole）型，其中PM型和V型均需钙调蛋白激活，ER型则不需钙调蛋白激活。

### 6. 胞饮作用

细胞通过膜的内陷从外界直接摄取物质进入细胞的过程，称为胞饮作用（pinocytosis）。当物质吸附在质膜时，质膜内陷，液体和物质便进入，然后质膜内折，逐渐包围着液体和物质，形成小囊泡，并向细胞内部移动，囊泡把物质转移给细胞质，或经过液泡膜交给液泡。胞饮作用是非选择性吸收，它在吸收水分的同时，把水分中的物质如各种盐类和大分子物质甚至病毒一起吸收进来。番茄和南瓜的花粉母细胞、蓖麻和松的根尖细胞中都有胞饮现象。

## 六、影响根系吸收矿质元素的因素

影响根系吸收矿质元素的因素主要包括土壤温度状况、通气状况、介质溶液浓度、溶液pH等。

### （一）温度状况

由于根系对养分的吸收主要依赖于根系呼吸作用所提供的能量状况，而呼吸作用过程中一系列的酶促反应对温度又非常敏感，所以，温度对养分的吸收有很大的影响。一般超过40℃时，温度升高使植物体内酶钝化，从而减少了可结合养分离子载体的数目，同时高温使细胞膜透性增大，矿质养分被动溢泌。这是高温引起植物对矿质元素的吸收速率下降的主要缘故。低温往往使植物的代谢活性降低，从而减少养分的吸收量。

### （二）通气状况

研究表明，在一定范围内，氧气供应越好，根系吸收矿质元素就越多。土壤通气良好，除了增加氧气外，还可以减少二氧化碳。二氧化碳过多，必然抑制呼吸，影响盐类吸收和其他生理过程。在作物栽培中，常给作物松土等措施的目的之一就是改善土壤通气状况。

### （三）介质溶液浓度

在外界介质溶液浓度较低的情况下，随着介质溶液浓度的增高，根系吸收离子的数量也增多，两者成正比。但是，外界介质溶液浓度再增高时，离子吸收速率与介质浓度便无紧密关系，通常认为是由离子载体和通道数量所限。农业生产上施用化学肥料过多，不仅有烧伤作物的弊病，同时根系也吸收不了，造成浪费。

### （四）土壤溶液pH

土壤溶液pH对植物矿质营养的间接影响比直接影响还要大。当土壤溶液碱性反应加强时，$Fe^{2+}$、$Ca^{2+}$、$Mg^{2+}$、$Cu^{2+}$、$Zn^{2+}$等逐渐变为不溶解状态，不利于植物吸收；当土壤溶液酸性反应加强时，$K^+$、$PO_4^{3-}$、$Ca^{2+}$、$Mg^{2+}$等易溶解，但植物来不及吸收就被雨水淋溶掉，因此酸性的土壤（如红壤）往往缺乏上述元素；酸性土壤还导致重金属（Al、Fe、Mn等）溶解度加大，易使植物受害。另外，土壤溶液反应也影响土壤微生物的活动。酸性反应易导致根瘤菌死亡，失去固氮能力，而碱性反应能促使反硝化细菌生长良好，使氮素损失。

## 第二节　地上部对矿质元素的吸收

## 一、叶片营养

植物地上部分也可以吸收矿质元素，这个过程称为根外营养。地上部分吸收矿质元素的器官主要是叶片，所以又称为叶片营养（foliar nutrition）。

高等陆生植物叶片一般分为表皮、叶肉、叶脉3个部分。表皮细胞的外壁上覆盖有蜡质层和角质层，最外层是蜡质层，由表皮细胞分泌的蜡质形成。叶面上的养分首先以扩散的方式进入蜡质层和角质层，然后进入叶肉细胞，也可通过角质层内的胶状物质进入叶片内部，参与植物的生理活动。养分进入叶片内的途径：气孔、角质层→外连丝（ectodesmata）→表皮细胞的质膜→叶脉韧皮部。通常叶片背面极性通道比正面极性通道丰富，这可能是叶片背面吸收养分能力高于正面的原因之一。

在叶片吸收养分的过程中，养分能否进入细胞是整个过程的关键。由于养分在角质层的运输速率受养分离子性质、浓度、温度和叶片性质的影响，因此作物叶片对养分的吸收受叶片类型及叶龄、作物自身的营养状况及生育时期、环境条件以及叶面肥的性质的影响。

1. 叶片类型及叶龄

一般来说，叶片宽大、蜡质层和角质层薄的叶片吸收养分效果好。双子叶植物相比单子叶植物来说，叶片大，蜡质层和角质层薄，因此双子叶植物的叶面肥喷施效果往往要好于单子叶植物。幼叶吸收养分的效果要显著高于老叶。

2. 作物自身的营养状况及生育时期

一般来说，发育健壮、营养状况良好的作物叶片对养分的吸收效果要高于发育迟缓、营养状况不良的作物。另外，在植物的旺盛生长期，作物生长量大，导致对养分的需求和吸收也大大增加。

3. 环境条件

环境条件可改变叶片的蜡质层和角质层结构，温度、光照、空气湿度和风速能影响叶面肥在叶面的浸润时间，从而影响养分的吸收速率。由于叶片只能吸收液态养分，当温度高时，叶面肥容易蒸发变干，从而降低养分的吸收效率。因此，在无风的晴天上午10：00之前或者下午4：00之后、温度适中时，叶面肥的施用效果更好。另外，叶面肥中加入保湿剂等成分后，可减少表面张力，增加附着时间，有利于叶片养分吸收。

4. 叶面肥的性质

叶面肥一般由养分和助剂两大类物质组成。养分的种类、组成和浓度都对养分的吸收有重要影响。不同营养元素在叶片的渗透速率不同，有些营养元素的迁移性好，喷施后分布迅速，吸收效果好，如N、P、K等。在叶面肥的组成中，不同元素组合可能造成元素吸收的相互促进或拮抗效果。如叶面肥中加入尿素会加强叶片对Mn、Fe、S等元素的吸收。在一定浓度范围内，叶片对养分吸收的速率随养分浓度的增高而增加。然而，如果养分浓度过高，叶肉细胞会出现脱水现象，甚至会出现叶片枯黄、烂叶的症状。叶面肥的常用助剂主要为表面活性剂、络合剂和植物生长调节剂。其中，表面活性剂的应用最为广泛，它主要用于降低表面张力，延长叶面肥的滞留时间，从而促进叶片对养分的吸收。络合剂可以与叶面肥中的金属微量元素形成络合物，增加微量元素的溶解性，因此大大增加金属微量元素的吸收效果。植物生长调节剂又称植物激素，具有促进植物生长以及促进植物叶片吸收营养的重要作用。另外，叶片对养分的吸收，还受喷施液pH、土壤养分状况等因素的影响。

## 二、叶片营养的特点

### （一）见效快

叶面肥的吸收通过叶片庞大的叶脉运输系统，直接到达植物所需要的部位，不需要经过根部吸收、茎部运输等漫长的运输过程，因此，叶面施肥往往比根系施肥见效快。实验表明，在土壤中施用尿素，往往要4~6d才能看到效果。然而，叶面喷施尿素叶面肥，1~2d即能产生效果。叶面喷施质量分数为2%的过磷酸钙浸提液，经过5min即可转运到植株的各个部位，然而，土壤施肥要经过15d才能达到相同效果。

## （二）养分利用率高，肥料用量少

叶面肥还有养分利用率高、肥料用量少的特点。根系施肥要受多种因素如土壤温度、地表径流、土壤盐碱度以及微生物固定和分解作用的影响，而叶面施肥由于直接将养分喷施在叶片，避免了上述根系施肥过程中养分的流失，提高了养分利用率。根系施肥中氮的利用率只有25%~35%；然而叶面施用氮肥在24h内即可吸收70%以上，达到同样效果的肥料用量仅仅为根系施肥的1/10~1/5。硼、锰、钼、铁等微量元素肥料，叶面施用量仅仅为根系施用量的1/10左右，就可以达到同样的效果。

## （三）应用效应广

在作物生育后期根部吸肥能力衰退时，或营养亏缺临界时期，或根系受到伤害后，或土壤干旱时，可通过叶面施肥来及时地补充作物所需要的养分。喷施杀虫剂（内吸剂）、杀菌剂、植物生长调节剂、除草剂和抗蒸腾剂时，也可以配合叶面施肥一同进行。

与叶部营养相比，根部具有更大、更完善的吸收系统，尤其是对大量元素。此外，叶面施肥虽然见效快，但是持续时间不长，需要连续多次喷施，一般间隔5~7d，连续2~3次。因此，根部营养才是作物吸取养分的主要形式，叶片施肥是根部营养的一种辅助手段。

# 三、叶面肥的种类和使用

合理施用叶面肥以及叶面类植物生长调节剂已经成为促进作物生长、增强作物抗逆性、提高叶片功能，进而提高产量的一个重要的栽培技术。目前，市场上的叶面肥主要有氨基酸加营养元素型、植物生长调节剂加营养元素型、无机营养型、腐植酸加营养元素型、天然汁液与矿物质型以及复合类型。从近几年的叶面肥发展趋势来看，复合多功能化成为今后可溶性叶面肥发展的主导方向，不仅强调叶面肥营养物质配比的广泛性以及合理性，还要求根据防虫治病的实际情况调整叶面肥的组分，在其中加入合理的抗病虫药物，从而制成复合多功能型叶面肥。

绿色环保也成为叶面肥的新要求，从动植物中提取的天然活性物质在叶面肥市场的占有率逐年增加，如腐植酸、海藻酸、节肢动物中的甲壳素等。另外，叶面肥的研究也要根据地域和作物类型两大因素，研制出针对性强、对特定地域和特定作物吸收率高的专用型叶面肥。

根据叶面肥具有很强针对性的特点，新产品更需要注重对某一种或几种特殊营养物质的补充作用，从而更好地促进作物的生长发育，提高经济价值。

## 一、短距离运输

### （一）运输路径

根外介质中的养分从根表皮细胞进入根内，再经皮层组织到达中柱的迁移过程称作养分的横向运输。由于其迁移距离短，又称为短距离运输。

1. 胞内运输

胞内运输（intracellular transport）是真核生物细胞内膜结合细胞器与细胞内环境进行的物质交换。胞内运输的主要方式：扩散作用、原生质环流、细胞器膜内外的物质交换、囊泡的形成以及内含物的释放等。

2. 胞间运输

胞间运输有共质体途径和质外体途径两种方式。

共质体是由细胞的原生质体通过胞间连丝连接起来的一个连续体系。离子进入共质体需要跨膜。离子在共质体运输中的难易取决于主动吸收和液泡对离子的选择与调节能力，以及体内离子间的相互影响。由于共质体中原生质的黏度大，故运输的阻力大。共质体中的物质有质膜的保护，不易流失于体外。共质体运输受胞间连丝的状态控制。为了避免与磷酸根发生沉淀，细胞质中$Ca^{2+}$浓度很低，因此$Ca^{2+}$通常选用质外体运输。植物养分中的$K^+$、$H_2PO_4^-$、$NO_3^-$、$SO_4^{2-}$和$Cl^-$移动速度快，其通过相对速度慢的共质体横向运输，特别是在$K^+$浓度和$H_2PO_4^-$浓度低（$K^+$浓度小于100μmol/L，$H_2PO_4^-$浓度小于10μmol/L）时，共质体的运输量很大。

质外体是细胞膜外，由细胞壁相互连接形成的一个体系，大致相当于自由空间，由细胞壁和细胞间隙，再加上中柱内的部分组织构成。由于内皮层细胞上凯氏带的阻隔，质外体中的水分和养分不能直接进入中柱，而必须先跨膜进入原生质体内，通过共质体途径进入中柱。根尖（分生区和伸长区）的中柱发育不全，内皮层的凯氏带不完整或没有形成，这时质外体的养分和水分可以直接进入中柱。质外体中液流的阻力小，物质在其中的运输快。质外体没有外围的保护，其中的物质容易流失到体外。另外，质外体运输速率也易受外力的影响。

### （二）养分进入根系木质部

介质中的养分经共质体或质外体到达内皮层后，都进入共质体途径，达到根系中柱。除尚未分化完全的木质部导管含有细胞质外，其余导管都不含细胞质，形成中空的质外体空间。养分从中柱薄壁细胞向木质部导管的转移过程，实际上是离子自共质体向质外体的过渡过程。离子以"双泵模型"的形式进入木质部，如图2-7所示，离子进入木质部导管需经过两次泵入的作用：第一次泵入，是养分离子由介质或自由空间主动

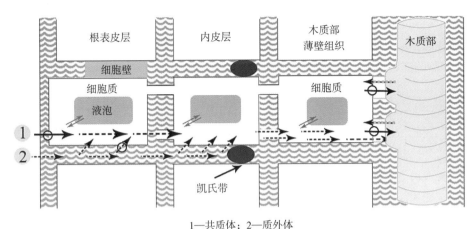

1—共质体；2—质外体

图2-7　根部离子短距离运输进入木质部的双泵模型

泵入细胞膜内，进入共质体；第二次泵入，是将离子由木质部薄壁细胞主动泵入木质部导管。

　　离子进入木质部是逆浓度梯度进行的主动吸收过程。离子进入木质部的过程中，薄壁细胞起着重要的作用，它们紧靠木质部导管外围，是离子进入导管的必经之路。这些细胞含有浓厚的细胞质和发达的膜系统，还有大量的线粒体，这些都是细胞具有旺盛代谢能力和离子转运能力的特征。

### （三）影响养分横向运输的因素

　　养分在横向运输过程中是途经质外体还是共质体，主要取决于养分种类、外界养分浓度、根毛密度、胞间连丝数量、菌根共生体等多种因素。

　　1. 养分种类

　　一般来说，以主动跨膜运输为主的养分，如$K^+$、$H_2PO_4^-$，其横向运输以共质体途径为主；而以被动跨膜运输为主的养分，如$Ca^{2+}$，则以质外体途径为主。此外，以分子态被吸收的养分，如$H_3BO_3$等，常以质外体途径为主。

　　2. 外界养分浓度

　　当外界介质中养分浓度较低时，养分向根系供应速率小于根表皮细胞吸收速率时，养分主要是直接被表皮细胞所吸收，通过共质体途径进入细胞。因此，介质中的养分浓度偏低时，养分的横向运输主要是通过共质体途径。

　　当外界介质中养分浓度较高时，根表皮细胞已达到了最大吸收速率，尚有过剩的养分有机会进入自由空间，则可通过质外体途径运输到中柱。当然，如磷肥大量使用后，局部出现浓度明显升高，也会有一部分磷通过质外体进入细胞。

　　3. 根毛密度

　　根毛对多种养分的吸收有十分重要的作用，尤其对土壤中移动性小的养分（如磷）更是如此。因为根毛属于根表皮细胞的膨大突起，其吸收的养分也是通过共质体途径。

如果一个植物的根毛密度大，其和土壤的接触面积也就大，因此根毛吸收的养分数量占根系吸收总量的比例也就越高。

4. 胞间连丝数量

根表皮细胞之间或者根表皮细胞与相邻的皮层细胞之间是通过胞间连丝进行养分的传递。胞间连丝是共质体系统连接相邻细胞的运输桥梁，其数量多少决定着共质体的运输潜力。因此，如果根系细胞胞间连丝数量低，则共质体运输能力偏弱，迫使更多的养分转入质外体途径。

通常，根表皮细胞的胞间连丝数量与是否形成根毛有关。一般来说，形成根毛的生毛细胞胞间连丝数量比其他细胞多，而且不同范围的细胞壁上的数量也不同，表现为面向中柱的根毛细胞壁上的胞间连丝数目最多。这种分布方式有利于根毛吸收的养分通过共质体迅速向中柱转运。

5. 菌根共生体

根系表面能够被土壤中丛枝菌根真菌菌丝侵染，在形成附着胞后，侵入根系表皮细胞，进一步发展成胞内或胞间菌丝，其中胞内菌丝在皮层细胞中容易分支，形成丛枝。丛枝是植物与丛枝菌根真菌之间进行养分交换的场所。由于菌根菌丝是无隔膜的，因此形成了一条"高速公路"，直接将养分从介质运输到皮层细胞，而不需要经过质外体空间（图2-8），在含丛枝的细胞中卸载，进入皮层细胞后，进行共质体运输路径。因此，在植物体内，根系菌根侵染率越高，意味着植物经过菌根途径从介质直接到根系含丛枝的皮层细胞，进而进行质外体运输的比例就越低。

# 二、长距离运输

养分从根经木质部或韧皮部到达地上部的运输过程，以及养分从地上部经韧皮部向根的运输过程，称为养分的纵向运输。由于养分迁移距离较长，又称为长距离运输。长距离运输包括木质部运输和韧皮部运输。

（一）木质部运输

1. 运输进程

养分在木质部中的移动是单方向地在死细胞的导管中向上运输，其运输动力是蒸腾作用和根压。此外，养分在木质部中的移动中除了随着质流向上运输外，还存在着交换吸附、再吸收和释放。

（1）交换吸附　木质部导管壁上附着着许多带负电荷的阴离子基团，它们可以吸附导管汁液中的阳离子，所吸附的阳离子又可被其他阳离子交换下来，继续随着汁液向上移动，这种过程称为交换吸附。交换吸附会导致离子的运输速率下降，甚至出现滞留作用。

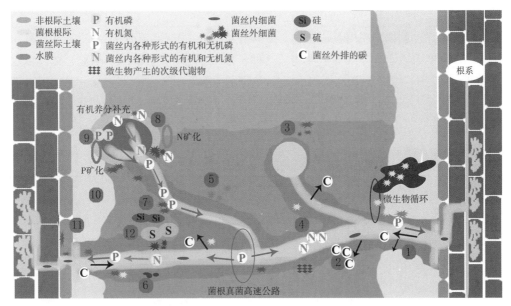

1—丛枝菌根真菌菌丝是植物碳向土壤微生物转移的主要和快速途径。丛枝菌根真菌通过菌丝渗出多种分子，如果糖、葡萄糖、海藻糖等，刺激一系列有益的土壤微生物群。由于菌丝渗出模式的固有差异，不同的真菌基因型被认为与不同的微生物群落有关；2—丛枝菌根真菌释放了植物源的碳，招募某些细菌，使得来自于菌根的有机碳释放到周围细菌，但这是有选择性的；3——些细菌在促进丛枝菌根真菌孢子萌发和菌丝生长中可能也产生作用；4—丛枝菌根真菌和原生生物之间的相互作用可能改变菌丝际原核生物群落组成、活性、丰度和生长，且菌根菌丝网络也可以为原生生物提供丰富的捕食微栖息地；5—能动菌沿菌根真菌的高速公路向资源丰富的区域移动；6——些细菌对菌根菌丝的存在有积极的反应，它们可以与菌丝紧密结合，也可以松散地在菌丝际周围的水膜中游动，可能为丛枝菌根真菌提供服务，如增强营养的有效性或促进丛枝菌根真菌对病原体的抗性；7—在硅的存在下，丛枝菌根真菌与溶磷细菌的协同作用增加土壤磷的有效性和菌根对磷的吸收；8—菌根菌丝在其他微生物支持下获取有机氮；9—菌根真菌与土壤中的溶磷细菌在菌丝际合作进而增加有机磷和微生物磷的矿化；10—丛枝菌根真菌分泌的果糖作为能量来源，刺激溶磷细菌释放磷，并作为信号分子触发细菌的磷矿化；11—植物间建立的普通菌根网络可能转移一些细菌到豆科植物中；12——些菌丝际细菌可以促进有机结合硫的活化，从而增强菌根和植物对硫的吸收

图2-8　菌根真菌物质运输过程

　　一般来说，阳离子价位越高，引力越大，吸附就越牢固。汁液中离子活度降低，不易被管壁吸附，而移动性增加。很多有机化合物都能螯合或配合金属阳离子，尤其是高价阳离子。加入竞争性阳离子，其可以被更多地吸附，从而促进其他阳离子更多地向上运输或者被交换出来随汁液向上运输。

　　此外，双子叶植物与单子叶植物之间在木质部导管负电荷密度方面存在显著差异，表现为双子叶植物高于单子叶植物，因为双子叶植物细胞壁中所含负电荷成分（如果胶酸等）比单子叶植物多。负电荷密度的不同使得双子叶植物木质部中离子的交换吸附量大于单子叶植物，从而导致向上运输相对困难。

　　（2）再吸收　木质部导管周围的薄壁细胞可以对汁液中的养分进行再吸收，从而使得汁液中的养分达到叶片或者果实等部位的数量下降。这种减少依赖于多种因素，如植

物基因型、离子性状等。木质部运输过程中的再吸收对于选择一些所需要的品种和作物具有指导意义。例如，在饲料植物中，在多年生黑麦草和三叶草中，$Na^+$很容易转移到地上部，而在梯牧草和杂交三叶草中，这种转移相当有限（表2-3）。因此，选择合适的植物品种与施用钠肥对提高饲料中$Na^+$浓度同样重要。由于多种牧草的$Na^+$分布情况不同，而动物需$Na^+$较多，因此在种植牧草时，应考虑选用根系对$Na^+$再吸收能力较弱的牧草品种。

表2-3 施用和不施用钠肥对四种牧草根系和地上部$Na^+$浓度的影响

| 植物种类 | $Na^+$浓度/（g/kg干重） | | | |
| --- | --- | --- | --- | --- |
| | 未施钠肥 | | 施钠肥 | |
| | 根系 | 地上部 | 根系 | 地上部 |
| 多年生黑麦草 | 0.3 | 2.6 | 0.6 | 11.6 |
| 梯牧草 | 1.0 | 0.4 | 2.8 | 3.8 |
| 三叶草 | 2.7 | 2.2 | 7.7 | 19.6 |
| 杂交三叶草 | 4.5 | 0.3 | 7.7 | 2.2 |

木质部运输中离子再吸收的作用，对指导施肥有重要意义。例如，钼在番茄植株不同部位分布较均匀，而在菜豆植株中钼则多集中于根部（表2-4）。因此，要使菜豆生长得更好，应适当多施钼肥，而番茄中的钼较易向上运输，则可酌情少施或暂时不施钼肥。此外，当营养液中的钼含量很高时，番茄受钼的毒害比菜豆发生得要早。

表2-4 以4mg/L的钼营养液培养的菜豆、向日葵、番茄植株中钼含量的分布

| 植物组织 | 菜豆Mo含量/（μg/g干重） | 向日葵Mo含量/（μg/g干重） | 番茄Mo含量/（μg/g干重） |
| --- | --- | --- | --- |
| 叶片 | 85 | 125 | 325 |
| 茎 | 210 | 115 | 123 |
| 根系 | 1030 | 565 | 470 |

（3）释放 木质部导管周围的薄壁细胞在适当的时候还能够将之前吸收的养分再次释放到导管中，从而对木质部汁液的养分起到调控作用。一般来说，当根部养分供应充足时，木质部导管壁的再吸收作用强，一些养分被储存在导管周围的薄壁细胞中；当根部养分供应不足时，木质部导管壁的释放作用强，一些被储存在导管周围的薄壁细胞中的养分释放到导管中，从而维持了导管养分浓度的稳定性。

如此的再吸收与释放可以调节木质部导管汁液中的养分浓度，还能改变某些养分的形态。例如，一些非豆科作物收到硝态氮时，随着木质部运输路径的加长，木质部汁液中的$NO_3^-$浓度逐渐下降，而有机态氮尤其是谷氨酰胺的浓度则相应增加。这种氮形态的

改变源自$NO_3^-$被木质部导管周围的薄壁细胞再吸收，而周围的薄壁细胞又把吸收的氮转化为有机形态再释放到导管汁液中。

在叶片内部的细胞水平上，叶肉细胞表面的水分使初生细胞壁的纤维素微纤维饱和。细胞表面的水分蒸发到空气空间中，减少了叶肉细胞表面的薄膜。这种减少对叶肉细胞中的水产生了更大的张力，从而增加了木质部导管中的拉力（图2-9）。木质部导管和管胞在结构上适应于应付压力的变化。木质部中气泡的形成打断了水从根部到顶部的连续流动，导致木质部汁液流动中的栓塞。树越高，拉水所需的张力越大，空化事件（气泡）也越多。在较大的树木中，由此产生的栓塞会堵塞木质部导管，使其失去功能。

2. 影响因素

木质部中养分的向上运输受到多种因素的影响。从力量上看，蒸腾拉力远远高于根压；从时间上看，蒸腾拉力主要发生在白天，驱动力强，且养分运输量大，晚上以根压为主导，驱动力弱，养分运输量小；植物生长前期以根压为主导，生长中后期以蒸腾作用为主导。从元素种类来看，以质外体运输为主的养分受蒸腾作用影响较大，而以共质体运输为主的养分则受蒸腾作用影响较小。如$K^+$以共质体运输，受蒸腾作用影响小；而$Na^+$、$Ca^{2+}$则受蒸腾作用影响大；又如以分子态运输的养分受蒸腾作用影响也大，特别是硼和硅。此外，营养液中元素浓度的增加可以增强蒸腾作用对元素的吸收和转运

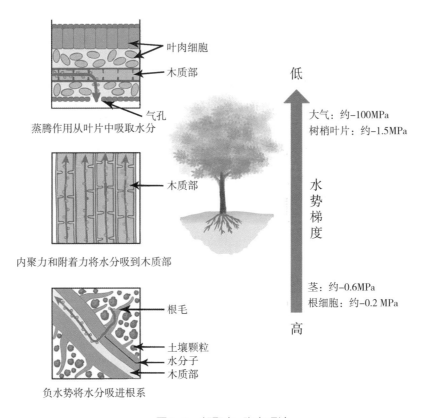

图2-9　凝聚力-张力理论

（表2-5）。通常，转运速率比吸收速率对蒸腾作用的响应更大，如表2-5所示，蒸腾作用对钾转运速率的影响大于对钾吸收速率的影响。另一方面，高外部浓度对钾的吸收速率的影响大于对钠的吸收速率的影响。

表2-5　在高蒸腾（650）和低蒸腾（100）下甜菜从不同营养液中
对$K^+$和$Na^+$的吸收和转运变化

| 营养液浓度/（mmol/L） | $K^+$ | | $Na^+$ | |
|---|---|---|---|---|
| | 低蒸腾 | 高蒸腾 | 低蒸腾 | 高蒸腾 |
| | 吸收速率/[μmol/（株·4h）] | | | |
| 1 $K^+$ + 1 $Na^+$ | 4.6 | 4.9 | 8.4 | 11.2 |
| 10 $K^+$ + 10 $Na^+$ | 10.3 | 11.0 | 12.0 | 19.1 |
| | 转运速率/[μmol/（株·4h）] | | | |
| 1 $K^+$ + 1 $Na^+$ | 2.9 | 3.0 | 2.0 | 3.9 |
| 10 $K^+$ + 10 $Na^+$ | 6.5 | 7.0 | 3.4 | 8.1 |

此外，养分的积累量也与蒸腾速率和蒸腾持续时间关联。蒸腾速率大和生长时间长的植物器官，经木质部运输得到的养分多。例如，在油菜地上部，叶片蒸腾量大，硼的含量较高，施硼对其含量影响明显；荚果蒸腾量小，硼的含量较低，施硼对其含量影响明显较小；油菜籽粒几乎没有蒸腾作用，硼的含量几乎没变化，施硼对其含量几乎没有影响。同样地，在一个叶片中，叶尖蒸腾量最大，硼的含量最高；叶柄蒸腾量最小，硼的含量最低；叶片中部蒸腾量中等，硼的含量居于二者之间。所以，当介质中硼含量过高时，植物硼毒害的症状首先出现在叶尖和叶缘。

$Ca^{2+}$是通过质外体运输，进入木质部汁液，因此强烈受到蒸腾作用的影响（表2-6）。在生产实践中，辣椒、茄子、番茄等在结果期遭遇较长时间的低温或阴雨天，蒸腾速率低，常会发生果实顶端生理性缺钙，出现顶腐病。还有，大白菜菜心出现的干烧心病，也是因为蒸腾速率下降而引发的缺钙现象。

$K^+$和$Mg^{2+}$与$Ca^{2+}$不同，当其木质部运输量不足时，还能通过韧皮部给予补充，所以，受蒸腾作用的影响较小（表2-6）。应该指出，虽然蒸腾作用是影响养分吸收和分配的重要因素，但并非唯一的因素。例如，蒸腾作用很小的果实或种子仍能累积大量的养分恰恰说明了这一点。因为根压和植物自身的主动调节能力也起着相当重要的作用。

表2-6　高蒸腾速率和低蒸腾速率对红辣椒果实$K^+$、$Mg^+$和$Ca^{2+}$浓度的影响

| 相对蒸腾速率 | 果实质量/（g干重/果实） | 果实浓度/（mg/g干重） | | |
|---|---|---|---|---|
| | | $K^+$ | $Mg^{2+}$ | $Ca^{2+}$ |
| 100 | 0.62 | 91.0 | 3.0 | 2.75 |
| 35 | 0.69 | 88.0 | 2.4 | 1.45 |

### （二）韧皮部运输

#### 1. 运输进程

韧皮部运输是养分在活细胞内进行的，可以向上和向下运输，一般以养分下行为主，受蒸腾作用的影响很小。韧皮部由筛管、伴胞和薄壁细胞组成（图2-10）。筛管由一些管状活细胞（筛管分子）纵向连结而成。筛管分子最重要的特征是端壁上有一些小孔（筛孔）；具有筛孔的端壁称为筛板，纵向相邻的筛管分子通过筛板连接起来，筛孔是溶质的运输通道。成熟的筛管分子中有一薄层细胞质紧贴于细胞膜上。筛管行使运输功能时，筛孔张开，一旦筛管遭受损伤，大量黏胶状的韧皮部蛋白（又称P蛋白）沉积在筛板上，堵塞了筛孔，从而阻止韧皮部内溶质流失。

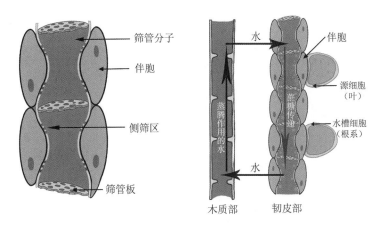

图2-10　韧皮部物质运输过程

伴胞和筛管分子相伴而生，两者均由同一母细胞分裂而来，但伴胞不像筛管分子那样高度分化。伴胞与筛管毗邻的侧壁之间，有许多胞间连丝，以保证两者之间的密切联系。伴胞在韧皮部装载中起重要作用。

1930年，明希（Miinch）提出压力流动学说（pressure flow hypothesis）解释韧皮部同化物运输。同化物在筛管内运输是由源库两侧筛管-伴胞复合体内渗透作用所形成的压力梯度所驱动的。压力梯度的形成是由于源端光合同化物不断向筛管-伴胞复合体装入，和库端同化物从筛管-伴胞复合体不断卸出以及韧皮部和木质部之间水分的不断再循环所致。因此，只要源端光合同化物的韧皮部装载和库端光合同化物的卸出过程不断进行，源库间就能维持一定的压力梯度，在此梯度下，光合同化物可源源不断地由源端向库端运输。

韧皮部和木质部在位置、组成、功能和汁液成分上都存在差别，具体如表2-7所示。

表2-7　韧皮部和木质部在位置、组成、功能和汁液成分上的差别

| 差别 | 木质部 | 韧皮部 |
|---|---|---|
| 位置 | 在植物体内较靠近中心的位置 | 在植物体内更外围的位置，位于木质部的外层，通常被认为是植物的外皮 |
| 组成 | 导管、管胞、木纤维和薄壁组织细胞以及木射线 | 筛管、伴胞、筛分子、韧皮纤维和薄壁细胞等 |
| 功能 | 负责将根吸收的水分及溶解于水里面的离子往上运输，以供其他器官组织使用。还具有支持植物体的作用。经形成层细胞的分裂，可以不断产生新的木质部与韧皮部，使茎或根不断加粗 | 将叶片中光合作用的产物输送到植物各部去，其中糖类占90%以上，其余是蛋白质、氨基酸、维生素、无机盐和激素等 |
| 汁液成分 | 基本不含同化物；钙和硼的含量远高于韧皮部 | pH高于木质部（因其含有$HCO_3^-$和大量$K^+$等）；有机化合物的含量远高于木质部；其他矿质元素（除钙和硼）的浓度一般都高于木质部；碳氮比高 |

2. 韧皮部中养分的移动性及养分亏缺的出现

不同矿质元素在韧皮部中的移动性有差异，一般分为移动性大、移动性小和难移动三部分（表2-8）。在韧皮部中，移动性大的元素可以从老叶向新叶移动，从而导致缺素症状首先出现在老叶上；移动性小的元素难以在不同叶片间移动，导致缺素症状首先出现在新叶上；难移动的元素一般都是出现在顶端生长点位置，如根尖、顶芽、果顶等。

钙在韧皮部中难以移动，是因为钙向韧皮部筛管装载时受到限制，使钙难以进入，即使有少量钙进入韧皮部，也很快被韧皮部汁液中高浓度的磷酸盐所沉淀而不能移动。硼在韧皮部中难以移动，可能是因为筛管原生质膜对硼的透性高，因此硼即使进入筛管中，也会很快渗漏出来；同时，硼易于与含有羟基的有机大分子形成酯键，从而降低硼的移动性。

表2-8　矿质元素在韧皮部中的移动性强弱

| 移动性 | 移动性大 | 移动性小 | 难移动 |
|---|---|---|---|
| 矿质元素 | 氮 | 铁 | 钙 |
| | 磷 | 铜 | 硼 |
| | 钾 | 锰 | |
| | 镁 | 锌 | |
| | | 钼 | |

## 第四节　养分的分配和再分配

### 一、养分的分配

　　源（source）指能够制造并输出同化物的组织、器官或部位，如功能叶，种子萌发期间的胚乳，多年生植物的块根、块茎、种子等。库（sink）指消耗或贮藏同化物的组织、器官或部位，如植物的幼叶、根、茎、花、果实、种子等。

　　源是库的供应者，库对源具有调节作用。库和源相互依赖，又相互制约。库小源大：限制光合产物的输送分配，因而降低源的光合效率。库大源小：超过源的负荷能力，造成强迫调运，供不应求，引起库的空瘪和早衰。通常，韧皮部运输的方向是源→库，就近供应，同侧运输（分配给距离近的生长中心，且向同侧分配较多，很少横向运输），优先供应生长中心（生长快、代谢旺盛的器官或部位）。

　　功能叶之间无同化物供应关系。叶片衰老时分解产生的小分子物质或无机离子可被再分配、再利用。影响同化物分配的三个因素：①源的供应能力。源制造的同化物越多，外运潜力越大；②库的竞争能力。生长速率快、代谢旺盛的部位，对养分竞争的能力强，得到的同化物则多；③输导系统的运输能力。源、库之间联系直接、畅通，且距离又近，则库得到的同化物就多。

　　此外，养分分配受到许多因素的影响，如低温降低呼吸速率，减少能量供应，提高了筛管内含物的黏度；高温呼吸作用增强，消耗物质增多；功能叶白天的输出率高于夜间；干旱胁迫降低光合速率，减少了养分的装载，从而降低了筛管内集流的运输速率，导致下部叶与根系早衰；硼和糖能结合成复合物，有利于透过质膜，促进糖的运输。

### 二、木质部与韧皮部之间养分的转移

　　木质部与韧皮部在养分运输方面有不同的特点，但两者之间相距很近，只隔几个细胞的距离。在两个运输系统间也存在养分的相互交换，这种交换对于协调植物体内各个部位的矿质营养非常重要。在养分的浓度方面，韧皮部高于木质部，因而养分从韧皮部向木质部的转移为顺浓度梯度，可以通过筛管原生质膜的渗漏作用来实现。相反，养分从木质部向韧皮部的转移是逆浓度梯度、需要能量的主动运输过程。这种转移主要需由转移细胞完成。木质部首先把养分运送到转移细胞中，然后由转移细胞运转到韧皮部（图2-11）。木质部向韧皮部养分的转移对调节植物体内养分分配，满足各部位的矿质营养起着重要的作用。因为木质部虽然能把养分运送到植株顶端或蒸腾量最大的部位，但蒸腾量最大的部位往往不是最需要养分的部位。茎是养分从木质部向韧皮部转移的主

要器官，而在禾本科植物的茎秆中，节则是矿质养分（如钾）从木质部向韧皮部转移最集中的部位。这种不一致只有靠转移细胞来进行调节。

由图2-11可以看到，养分通过木质部向上运输，或者经转移细胞进入韧皮部；养分在韧皮部中既可以继续向上运输到需要养分的器官或部位，也可以向下再回到根部，同时韧皮部的养分也可以直接泄漏到木质部，因为其养分浓度一般都高于木质部。这就形成了植物体内部分养分的循环。

果树上的环割实验证明，有机物质的长距离运输是通过韧皮部的筛管进行的。"树怕剥皮"，如果环割较宽，时间久了，根系长期得不到有机营养，就会饥饿而死亡。环割的作用：增加花芽分化和坐果率，促进生根（高空压条时进行环割可以使养分集中在切口处，有利于发根）。柑橘树的环割如图2-12所示。

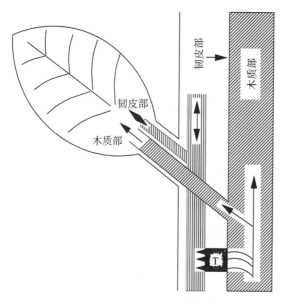

图2-11　带有一个叶片的茎中木质部和韧皮部的长距离运输及转移细胞（transfer cell，T）介导的木质部—韧皮部转移示意图

图2-12　柑橘树的环割

## 三、植物体内的养分循环

植物体内的养分循环是指根系吸收的矿质营养，经木质部运输到地上部，其中一部分养分又经韧皮部返回根系的过程，即矿质营养经历了一个完整的循环过程：根系→木质部→地上部→韧皮部→根系。上述由地上部返回到根中的养分不能被根系完全利用，其中一部分又可经木质部再次运到地上部分，这一过程称为养分的再循环。

矿质养分的循环和再循环在植物正常的生长发育过程中普遍存在，同时还起到十分重要的作用。

### （一）向根系提供地上部同化的矿质养分

根系吸收的硫、氮等元素要结合进入氨基酸、蛋白质和辅酶，必须先被还原。在高等植物中，催化硫酸盐还原的酶类主要存在于叶绿体中，极少量存在于根的质体中。一般来说，叶片中硫酸盐的还原能力高于根中数倍。硫酸盐被吸收后通过木质部运输至地上部，在叶片中被还原，之后主要以还原态硫酸盐谷胱甘肽的形式经韧皮部向合成蛋白质的场所运输，在这些新生组织中被降解，合成蛋白质，以满足生长发育的需要。

大多数植物的根和地上部分都能还原硝酸盐。一般由根系吸收的硝酸盐有5%～59%在根中被还原，而根和地上部还原的比例则要取决于各种因素，其中包括硝酸盐供应的水平、植物种类和株龄等。当生长介质中硝酸盐浓度低时，硝酸盐在根部还原的比例高；随着硝酸盐供应量的增加，在韧皮部中以硝酸盐形态向地上部转移氮的比例就增大。植物生长所需要的氨基酸，大部分来自叶片中的还原和同化。此外，赖氨酸、苏氨酸和高半胱氨酸等氨基酸只能在叶片中合成，然后再通过韧皮部运送到根系，以满足其需求。

### （二）维持体内的阴阳离子平衡

在植物正常的生理活动过程中，细胞内不同区域的pH均恒定在某一范围内。例如，细胞质的pH为7.3～7.6，液泡为4.5～5.9，质外体为5.5。根系对阴阳离子的吸收比例不同常常是引起细胞内pH紊乱的主要原因。在一定程度上，植物体可通过合成和分解有机酸来平衡阴阳离子，以维持细胞内pH的恒定。同样，在矿质养分的运输过程中还保持了离子的平衡。例如，对供给硝酸盐的许多植物，体内的$K^+$循环对维持运输过程中的电荷平衡具有重要意义。根系吸收的$NO_3^-$在经木质部运输时，由$K^+$作为陪伴离子，$NO_3^-$在地上部被还原后，阴离子减少，此时电荷平衡靠有机酸的净增加来维持（如合成苹果酸）。合成的有机酸除在叶肉细胞中累积以外，再经韧皮部运往根系时，又以$K^+$作为陪伴离子。有机酸在根系中脱羧后，$K^+$可再作为陪伴离子随根系吸收的$NO_3^-$经木质部向地上部运输。

### （三）为木质部和韧皮部质流提供驱动力

韧皮部的长距离运输是在筛管中进行的，可以双向运输。在植物生长后期，由于养分耗竭，根际周围可获得的养分减少，或由于根系的吸收活性下降，这时矿质养分的循环对木质部质流的形成就起着十分重要的作用。

### （四）调节根系对矿质养分的吸收

经韧皮部运到根中的矿质养分，除了向根系提供地上部的同化物外，在特定条件下还提供了地上部对养分需求的信息，作为重要的反馈调节信号来调节根系对相应矿质养分的吸收速率。当植物地上部对养分的需求量增大时，经韧皮部向根系循环的相应养分浓度下降，作为反馈信号促进了根系对离子的吸收速率。同样，当地上部对养分的需求量减小时，韧皮部中循环的养分浓度升高，则抑制了根系对相应离子的吸收。已知根系对钾、磷、铁的吸收存在这种反馈调节机制。在给缺铁的菜豆植株叶片喷施Fe-EDTA的2d内，通过韧皮部从地上部运向根系的铁离子浓度则增加，根系缺铁的适应性反应程度也就减弱。

矿质养分的循环与养分的再动员有本质的不同。再动员是以广泛的生理和生化过程为基础，其中包括贮藏在液泡中的矿质养分（钾、镁、磷等）的利用，贮藏蛋白质的降解，或者细胞器结构（如叶绿体）和酶蛋白的最终解体等，由此导致结构性结合矿质元素（如叶绿素中的镁，酶内的微量元素）转变为可移动态。

矿质养分的再动员在植物生长发育的特定时期，种子萌发期，由营养生长阶段向生殖生长阶段转变，以及多年生植物落叶前期等均非常重要。此外，在营养生长过程中养分供应不足时，矿质养分的再动员对保证新生组织的生长也很重要。当然，经过再动员活化出来的矿质养分还必须经过长距离运输过程才能到达植物生长所需的部位。

## 四、植物体内的养分再分配与利用

当叶片衰老时，大部分的糖和氮、磷、钾等都要再分配到就近的新生器官，营养器官的内含物向生殖器官转移。其中，叶片的氮再分配率通常高于茎和根系，磷再分配率在所有组织中几乎是相同的（表2-9）。叶片衰老期间，氮和磷通过凋落物返回土壤，其中氮为37.9%，磷为35.1%。花瓣中的原生质体解体，同化物转移到合子，导致花瓣褪色脱落，而子房迅速膨大。这种同化物的再分配再利用，可以使籽粒饱满，块根、块茎充实，营养充足，提高产量和品质。

表2-9　氮和磷的再分配率

| 植物类型 | 氮再分配率/% | | | 磷再分配率/% | | |
|---|---|---|---|---|---|---|
| | 叶片 | 茎 | 根系 | 叶片 | 茎 | 根系 |
| 落叶树<br>（woody deciduous） | 70.2±3.9 | 35.2±4.5 | 19.3±16.2 | 59.0±6.6 | 44.9±5.3 | 61.8±2.7 |
| 常绿树<br>（woody evergreen） | 62.7±4.4 | 23.3±5.7 | 13.3±10.3 | 65.7±3.4 | 44.1±5.0 | 48.1±16 |
| 禾本科植物<br>（graminoids） | 69.8±2.9 | 52.9±6.3 | 75.2 | 74.5±3.1 | 66.8±5.3 | 79.8 |
| 非禾本科植物<br>（forbs） | 63.2±5.9 | 55.9±4.4 | 28.1±9.8 | 58.7±6.9 | 65.7±5.4 | 59.1±5.9 |
| 蕨类<br>（ferns） | 57.8±18.0 | 66.4±9.3 | 22.1±13.6 | 78.3±3.4 | 54.1±17.9 | 44.4±26.4 |
| 总体 | 65.8±2.8 | 47.1±3.0 | 27.0±6.8 | 63.3±3.4 | 55.7±3.4 | 56.8±5.5 |

注：再分配率指的是在衰老前养分重新分布到活的组织中的比例。

植物某一器官或部位中的矿质养分可通过韧皮部运往其他器官或部位,而被再度利用,这种现象称作矿质养分的再利用。养分从原来所在部位转移到被再利用的新部位,其间要经历很多步骤。

第一步,养分的激活。需要养分的新器官(或部位)发出"养分饥饿"信号(可能是第二信使),传递到老器官(或部位)后,引起该部位细胞中某个未知的运输系统激活而启动,将细胞内的养分转移到细胞外,准备进行长距离运输。

第二步,进入韧皮部。被激活的养分转移到细胞外的质外体后,再通过原生质膜的主动运输进入韧皮部筛管中进行长距离运输。运输到茎部后的养分可以通过泄漏进入木质部向上运输。

第三步,进入新器官。养分通过韧皮部或木质部先运至靠近新器官的部位,再经过跨质膜的主动运输过程卸入需要养分的新器官细胞内。

养分再利用的过程是漫长的,需经历共质体(老器官细胞内激活)→质外体(装入韧皮部之前)→共质体(韧皮部)→质外体(卸入新器官之前)→共质体(新器官细胞内)等诸多步骤和途径。因此,只有在韧皮部汁液中移动能力强的养分元素才能被再度利用。

# 参考文献 \\\\\

[ 1 ] BRANT A N, CHEN H Y. Patterns and mechanisms of nutrient resorption in plants. Critical Reviews in Plant Sciences, 2015, 34 (5): 471–486.

[ 2 ] FAGHIHINIA M, JANSA J, HALVERSON L J, et al. Hyphosphere microbiome of arbuscular mycorrhizal fungi: a realm of unknowns [J]. Biology and Fertility of Soils, 2023, 59: 17–34.

[ 3 ] KARTHIKA K S, RASHMI I, PARVATHI M S. Biological functions, uptake and transport of essential nutrients in relation to plant growth [M] //HASANUZZAMAN M, FUJITA M, OKU H, et al. Plant nutrients and abiotic stress tolerance. Singapore: Springer Nature Singapore Pte Ltd., 2018: 1–49.

[ 4 ] MARSCHNER H, DELL B. Nutrient uptake in mycorrhizal symbiosis [J]. Plant and Soil, 1994, 159: 89–102.

[ 5 ] MARSCHNER H. Mineral nutrition of higher plants [M]. 2nd ed. London: Academic Press, 1995.

[ 6 ] NICOLSON G L, FERREIRA DE MATTOS G. Fifty years of the fluid‐mosaic model of

biomembrane structure and organization and its importance in biomedicine with particular emphasis on membrane lipid replacement [J]. Biomedicines, 2022, 10 (7): 1711.

［7］SHELDEN M C, RANA M. Crop root system plasticity for improved yields in saline soils [J]. Frontiers in Plant Science, 2023, 14: 1120583.

［8］SMITH, S E, JAKOBSEN I, GRØNLUND M, et al. Roles of arbuscular mycorrhizas in plant phosphorus nutrition: interactions between pathways of phosphorus uptake in arbuscular mycorrhizal roots have important implications for understanding and manipulating plant phosphorus acquisition [J]. Plant Physiology, 2011, 156 (3): 1050–1057.

［9］Transport of water and solutes in plants [EB/OL]. [2024–03–15]. https://courses. lumenlearning.com/suny–wmopen–biology2/chapter/transport–of–water–and–solutes–in–plants/.

［10］WHITE P J, DING G D. Long–distance transport in the xylem and phloem [M] //RENGEL Z, CAKMAK I, WHITE P J. Marschner's mineral nutrition of plants. 4th edition. London: Academic Press, 2023: 73–104.

［11］WHITE P J. Long–distance transport in the xylem and phloem [M] //MARSCHNER P. Marschner's mineral nutrition of higher plants. 3rd ed. San Diego: Academic Press, 2012：49–70.

［12］胡江，孙淑斌，徐国华. 植物中丛枝菌根形成的信号途径研究进展［J］. 植物学通报，2007，24（6）：703–713.

［13］屈明华，俞元春，李生，等. 丛枝菌根真菌对矿质养分活化作用研究进展［J］. 浙江农林大学学报，2019，36（2）：394–405.

［14］石秋梅，李春俭. 养分在植物体内循环的奥秘［J］. 植物杂志，2003（4）：34–35.

［15］舒波，李伟才，刘丽琴，等. 丛枝菌根（AM）真菌与共生植物物质交换研究进展［J］. 植物营养与肥料学报，2016，22（4）：1111–1117.

［16］吴强盛. 园艺植物丛枝菌根研究与应用［M］. 北京：科学出版社，2010.

［17］薛英龙，李春越，王苡蓉，等. 丛枝菌根真菌促进植物摄取土壤磷的作用机制［J］. 水土保持学报，2019，33（6）：10–20.

［18］张敏. 叶面肥应用研究进展及营养机制［J］. 磷肥与复肥，2014，29（5）：25–27.

# 第三章　园艺植物营养诊断的方法与缺素原因

　　了解园艺植物营养诊断的方法可以为田间的缺素诊断提供手段，明确园艺植物营养缺素的原因可以为田间判断缺素提供依据，这些是科学施肥、平衡施肥的重要前提。

## 第一节　园艺植物营养诊断的方法

### 一、形态诊断

#### （一）营养缺乏

　　各种类型的营养失调症，一般在植物的外观上有所表现，如缺素植物的叶片失绿黄化，或呈暗绿色、暗褐色，或叶脉间失绿，或出现坏死斑，果实的色泽、形状等异常等。因此，生产中可利用植物的特定症状、长势长相及叶色等外观特性进行营养诊断。

　　蔬菜缺乏某种元素时，一般都在形态上表现特有的症状，即所谓的缺素症，如失绿、现斑、畸形等。由于元素不同、生理功能不同，症状出现的部位和形态常有它的特点和规律。例如，由于元素在植物体内移动性的难易有别，失绿开始的部位不同。一些容易移动的元素如氮、磷、钾及镁等，当植物体内呈现不足时，就会从老组织移向新生组织，因此缺素症最初总是在老组织上先出现（图3-1）。相反，一些不易移动的元素如铁、硼、钙、钼等，其缺素症则常常从新生组织开始表现（图3-1）。铁、镁、锰、锌等直接或间接与叶绿素形成或光合作用有关，缺乏时一般都会出现失绿现象。而如磷、硼等和糖类的转运有关，缺乏时糖类容易在叶片中滞留，从而有利于花青素的形成，常使植物茎叶带有紫红色泽。硼和开花结实有关，缺乏时花粉发育不良、花粉管伸长受阻、不能正常受精，就会出现"花而不实"。而新

图3-1　作物缺素的发生部位

生组织的生长点萎缩、死亡，则是由于缺乏与细胞膜形成有关的元素钙、硼，使细胞分裂过程受阻碍所致。畸形小叶如小叶病是由于缺乏锌使生长素形成不足所致。这种外在表现和内在原因的联系是形态诊断的依据。

植物缺素症的形态诊断示意图能够给出初步的判断（图3-2），植物缺素症状检索图能够明确各类缺素症（图3-3）。

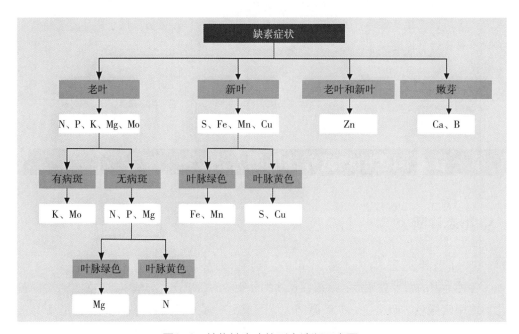

图3-2　植物缺素症的形态诊断示意图

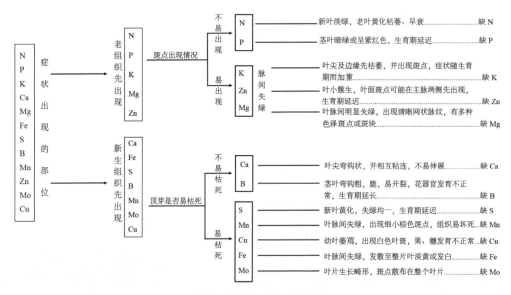

图3-3　植物缺素症状检索图

植物形态诊断法的优点是直观、简单、方便，不需要专门的测试知识和样品的处理分析，可以在田间立即做出较明确的诊断，给出施肥指导，所以在生产中普遍应用。这是目前我国大多数农民习惯采用的方法。但是这种方法只能等植物表现出明显症状后才能进行诊断，因而不能进行预防性诊断，起不到主动预防的作用；且由于此种诊断方法需要丰富的经验积累，又易与机械及物理损伤相混淆，特别是在几种元素盈缺造成相似症状的情况下，更难做出正确的判断，所以在实际应用中有很大的局限性和延后性。因此进行形态诊断的同时还需要配合其他的检验方法。尽管如此，这一方法在实践中仍有其重要意义，尤其是对某些具有特异性症状的缺素症。

有些营养元素的缺乏症状很相似，容易混淆。例如，缺锌、缺锰、缺铁和缺镁的主要症状都是叶脉间失绿，有相似之处，但又不完全相同，可以根据各元素的缺乏症状的特点来辨识。辨别微量元素缺乏症状有三个着眼点，就是叶片大小和形状、失绿的部位和反差强弱，分析如下。

（1）叶片大小和形状　缺锌的叶片小而窄，在枝条的顶端向上直立呈簇生状。缺乏其他微量元素时，叶片大小正常，没有小叶出现。

（2）失绿的部位　缺锌、缺锰和缺镁的叶片，只有叶脉间失绿，叶脉本身和叶脉附近部位仍然保持绿色。而缺铁的叶片，只有叶脉本身保持绿色，叶脉间和叶脉附近全部失绿，因而叶脉形成了细的网状。严重缺铁时，较细的侧脉也会失绿。缺镁的叶片，有时在叶尖和叶基部仍然保持绿色，这是与缺乏微量元素显著不同的。

（3）反差强弱　缺锌、缺镁时，失绿部分呈浅绿、黄绿以至于灰绿，中脉或叶脉附近仍保持原有的绿色。绿色部分与失绿部分相比较时，颜色深浅相差很大，这种情况叫作反差很强。缺铁时，叶片几乎呈灰白色，反差更强。而缺锰时反差很弱，是深绿或浅绿色的差异，有时要迎着阳光仔细观察才能发现，与缺乏其他元素显著不同。

此外，各微量元素的缺乏情况也可以根据土壤类型加以区别：缺锰或缺铁一般发生在石灰性土壤上，缺镁只出现在酸性土壤上，只有缺锌会出现在石灰性土壤和酸性土壤上。

## （二）营养过剩

作物生长过程中，养分过剩同样会抑制生长和产量（图3-4）。元素过剩主要通过破坏细胞原生质，杀伤细胞和抑制对其他必需元素的吸收，伤害作物导致生长呆滞、发僵，严重的甚至死亡。常见症状有叶片黄白化、褐斑、边缘焦干；茎叶畸形，扭曲；根伸长不良，弯曲、变粗或尖端死亡，分枝增加，出现狮尾、鸡爪等畸形根。症状出现的部位因元素移动性不同而不同，一般出现症状的部位是该元素易积累的部位。这点与元素缺乏症正好相反。由于某些元素间具有拮抗作用，所以不少元素的缺乏症其真正原因往往是某一元素的过剩吸收。

营养元素过剩的症状如下。

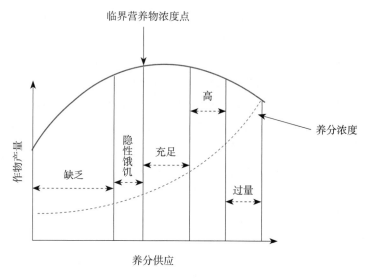

图3-4　养分供应对作物产量的影响

1. 氮过剩症

氮素过多，叶色浓绿，叶片大而柔软，少花，徒长，营养生长过旺，茎秆细弱，易倒伏，抗病虫能力下降，后期贪青晚熟，产量和品质下降。

2. 磷过剩症

磷素过多易引起缺铁、锌、镁等失绿症，下部叶出现红斑。

3. 钾过剩症

钾素过多易造成钙及镁缺乏症状，叶尖焦枯。

4. 钙过剩症

钙素过多易导致土壤呈中性或碱性，引起微量元素（铁、锰、锌）不足，叶肉颜色变淡，叶尖出现红色斑点或条纹斑。

5. 镁过剩症

叶尖萎凋，叶片组织色泽表现为叶尖处淡色，叶基部色泽正常。

6. 硫过剩症

硫素过多易造成盐害，叶缘焦枯。通气不良的水田可使根系中毒发黑。

7. 铁过剩症

铁素过多易引起缺锰症。

8. 硼过剩症

先叶尖、叶缘黄化后，全叶黄化，并落叶，由成熟叶开始产生病症。

9. 锌过剩症

多数情况下植物幼嫩叶片表现失绿、黄化，茎、叶柄、叶片下表皮出现赤褐色。叶尖及叶缘色泽较淡随后坏疽，叶尖有水浸状小点。

10. 锰过剩症

异常性落叶；多数表现为根褐变，叶片出现褐色斑点，也有叶缘黄白化或呈紫红色，嫩叶上卷等。对苹果来说，锰过剩会引起粗皮病。

11. 铜过剩症

叶肉组织色泽较淡，呈条纹状。根伸长受阻，盘曲不展，或形成分枝根、鸡爪根。

12. 钼过剩症

作物钼过剩在形态上不易表现。茄科作物对钼过剩较敏感，番茄、马铃薯钼过剩，小枝呈金黄色或红黄色。

## 二、化学诊断

化学诊断是一种直接测定植物和土壤中元素含量的营养诊断方法，通过比较临界值来判断营养丰富性（表3-1）。化学诊断的结果最能直接反映植物或土壤的营养状况，是判断植物或土壤营养丰富性最可靠的依据之一。植物化学诊断可分为组织速测法和全分析法，组织速测法主要用于一年生植物，全分析法多用于树木。化学诊断通常用于植物缺素症状不明显的情况下。

表3-1　不同园艺植物叶片营养元素亏缺的临界值

| 园艺植物种类 | N/(g/kg干重) | P/(g/kg干重) | K/(g/kg干重) | Ca/(g/kg干重) | Mg/(g/kg干重) | B/(mg/kg干重) | Mo/(mg/kg干重) | Mn/(mg/kg干重) | Zn/(mg/kg干重) | Cu/(mg/kg干重) |
|---|---|---|---|---|---|---|---|---|---|---|
| 黑麦草（地上部） | 30~42 | 3.5~5 | 25~35 | 6~12 | 2~5 | 6~12 | 0.15~0.5 | 40~100 | 20~50 | 6~12 |
| 番茄（成熟叶） | 40~55 | 4~6.5 | 30~60 | 3~4 | 3.5~8 | 40~80 | 0.3~1.0 | 40~100 | 30~80 | 6~12 |
| 苹果（成熟叶） | 22~28 | 1.8~3 | 11~15 | 13~22 | 2~3.5 | 30~50 | 0.1~0.3 | 35~100 | 20~50 | 5~12 |
| 柑橘（成熟叶） | 25~35 | 1.5~3 | 12~20 | 30~70 | 2.5~7 | 30~70 | 0.2~0.5 | 25~125 | 25~60 | 6~15 |

分析植物和土壤的元素含量与预先制定的含量标准进行比较，或对正常和异常标本进行直接比较。一般来说，植物分析结果最能直接反映植物的营养状况，因此是判断营养丰富性最可靠的依据。土壤分析结果一般与果树的营养状况密切相关。然而，由于果树缺乏营养，除了缺乏土壤元素外，植物根系的吸收也受到外部不良环境的影响，有时土壤营养含量与植物生长不一致。所以，植物营养状况的直接分析结果可靠性显得更高。然而，土壤分析在诊断工作中仍然是不可或缺的，它与植物分析结果相互证实，使诊断结果更加可靠。

## 三、施肥诊断

根据施肥的部位，施肥诊断可主要分为根外施肥（叶面施肥）和土壤施肥两种诊断方法。根外施肥诊断是在植物地上组织中采用枝干注射、切口浸渍、涂、喷等方法，提供某种被怀疑元素让植物吸收，观测植物的反应，并根据病症是否得到缓解而做出相应的判断，在生产上主要用于微量元素缺乏症的应急诊断。使用的时候需要注意不要产生毒害效应。

土壤施肥诊断是根据形态诊断，怀疑可能的缺素种类，然后把被怀疑的元素肥料施于植物根际土壤，通过观察植物反应以及症状的改善做出判断。该诊断方法相对比较可靠，但工作量较大、花费时间较多。同时，倘若相应试验区域的试验点过少，也会对诊断的结果造成误导，在实际推广过程中存在较高的局限性（孟利峰，2019）。

此外，施肥诊断还包括抽检诊断［在混合肥料基础上，根据需要检测的元素，设置不加（抽减）待测元素的小区，如果同时检测几种元素，则设置相应数量的小区，每一小区抽减一种元素，另外加设一个不施任何肥料的空白小区］以及长期检测诊断（通过选择代表性土壤，设置相应的处理进行长期定点监测，以便拟定相应的施肥措施）。

## 四、酶学诊断

1952年，布朗（Brown）和亨德里克斯（Hendricks）提出了以酶活性强弱为指标，检测元素丰缺的方法。许多元素是酶的组成或活化剂，所以当缺乏某种元素时，与该元素有关的酶的含量或活性就发生变化，这是酶学诊断的原理。一般采用酶活性、酶被再度活化反应（如铁通过过氧化物酶诊断，铝通过硝酸还原酶诊断，铜通过抗坏血酸氧化酶诊断，氮通过硝酸还原酶诊断）、代谢产物浓度变化（由于元素缺乏时植物体内酶反应失常而造成某些代谢产物的过度积累或减少以至消失。其中研究最多的是氨基酸的变化，可惜的是这些变化缺乏专一性，只有少数的几种氮代谢中间产物可被用作诊断指标）作为酶学诊断的指标（唐菁等，2005）。

酶学诊断的优点：①灵敏度高，有些元素在植物体内含量极微，如钼，常规测定比较困难，而酶学诊断法则能克服；②相关性好，如碳酸酐酶，它的活性与锌的含量曲线基本上是一致的；③酶促反应的变化远远早于形态变异，这一点尤有利于早期诊断或潜在性缺乏的诊断。然而，酶学诊断的测定值不稳定，测定方法较烦琐且尚不完善，尚未建立十分成熟、可在生产上应用的检验技术，还需要在不同的元素比例下，检验其平衡点的临界水平，以提高营养诊断的效率。

## 五、指示植物诊断

园艺作物对元素反应的敏感性不同，使得营养失调表现的症状有明显与不明显的差别。对元素丰缺非常敏感且先呈现的症状非常典型或稳定的作物称为指示植物，即在土壤中某种元素缺乏时，首先由指示作物表现出来。

利用某些植物对某种元素比园艺植物更敏感的特点，在果园或菜园中种植这些植物，用以预测或验证土壤中某种元素的缺乏，这种方法称为指示植物诊断。

此法在很多国家都执行过，简单易行，但应用的不多。各地可根据土地区划和勘察的土壤和气候资料，预测本地可能缺乏的元素，从而种植一些相应的指示植物。缺素或过量元素的指示植物见表3-2。

表3-2　缺素或过量元素的指示植物

| 元素 | 缺素指示植物 | 过量元素指示植物 |
|---|---|---|
| N | 苹果、桃、柑橘 | 番茄、鳄梨 |
| P | 莴苣、番茄 | 柑橘 |
| K | 马铃薯、苜蓿 | 柑橘 |
| Ca | 苜蓿 | — |
| Mg | 马铃薯、苹果、花椰菜 | — |
| Zn | 番茄、菜豆、桃 | — |
| B | 三叶草、苹果、梨 | 酢浆草、草木樨 |
| Fe | 花椰菜、柑橘 | — |
| Cu | 柑橘、橄榄、番茄 | 南瓜、菜豆 |

## 六、植物组织液分析诊断

植物组织液分析（plant sap analysis）是英国根西岛园艺咨询服务处（Guernsey Horticultural Advisory Service）开发利用的，即利用新鲜组织液的养分含量快速诊断养分缺乏或过量，以提供信息调整施肥项目。目前在少数国家如荷兰、法国、英国、美国和日本积极应用。该技术能提供养分的常规监测，尤其对岩棉栽培植物比较有效。我国在部分农作物的营养诊断上利用该方法取得了很好的效果。

## 七、无损伤测试技术

在不破坏植物组织结构的前提下，利用各种技术手段监测作物的生长发育和营养丰缺情况的测试技术被称为无损伤测试技术。这种方法已经应用于智慧农业的管理。无损伤测试技术能够快速、准确地估测农作物植株内氮素营养的丰缺程度，及时地反馈农作物是否需要供氮的信息，确保农作物氮素营养的补充，从而实现施肥平衡的目的。该技术也将成为农作物氮素营养诊断技术在未来的发展走向。无损伤测试技术主要包括肥料窗口法、叶绿素仪法、高光谱遥感技术等。

### （一）肥料窗口法

肥料窗口法是一种肥料调控的方法，其操作步骤为在田间试验中选定一块微小区域作为标记区域，标记区域中的氮肥施用量稍低于田间试验的施氮量，在作物生长发育过程中，当标记区域的作物出现缺氮症状，如叶色变浅时，说明田间试验区的其余种植区域的作物正处于缺氮的临界点，需要补充适量的氮肥。虽然这种方法简单易行，但该方法只能在土壤营养水平差异不大的区域评估作物是否需要追肥，并且追肥的用量也不能具体量化。

### （二）叶绿素仪法

植株叶片的叶绿素含量与叶片的氮含量呈正相关的关系，因此，可以通过测定叶片的叶绿素含量来评估作物的氮素营养状况。叶绿素仪可以根据叶片的叶绿素a和叶绿素b各自对不同波段光的吸收特性，用一个具体的数值［SPAD（Soil and Plant Analyzer Development，土壤作物分析仪器开发）值］表示叶片的绿色程度，由于叶片的绿色程度与叶绿素含量呈正相关的关系，因此，可以通过叶片颜色的深浅判断叶片叶绿素含量的变化，进而评估作物的氮素营养状况。

### （三）高光谱遥感技术

光谱仪是一种以作物叶片对红光吸收和红外光反射的原理为基础的仪器，而红外波段是植物叶片强烈反射的波段。在测量过程中，内部传感器直接将采集到的信息传输给光谱仪自身所携带的掌上电脑，从而完成对作物氮素营养的实时监测和诊断。高光谱遥感技术能够实时监测和诊断作物的氮素营养状况，其具有光谱信息量大、光谱分辨率高、波段连续性强的优点。然而，高光谱传感器价格相比其他仪器较为昂贵，影像数据的前期传输和后期处理也比较复杂，对试验人员具有很高的专业要求。此外，它测量的作物冠层面积相对较小，这些因素都限制了其在农业上的应用。

总之，上述的营养诊断方法各有利弊，如形态诊断法容易产生误诊，同时不能定量，生产中还必须加强特异症状的研究，并结合其他方法进行；无损伤测试技术具有快速、准确、无损的优点，但大部分测试属于定性或半定量阶段，不能完全实现按需施肥的要求；酶学诊断法和化学诊断法具有很好的针对性和预测性，但在取样、样品分析等方面也易出错，影响结果的准确性。因此，各种检测方法有待进一步完善。在生产中只有结合实际情况综合运用，才能得到正确的营养诊断结果，提高诊断效率。

## 第二节　园艺植物缺素的原因

### 一、土壤

#### （一）土壤营养元素本身的缺乏

有些由于受成土母质和有机质含量等的影响，土壤中某种营养元素本身的不足（表3-3），使得植株无法吸收到所需的元素数量，这是引起缺素症的主要原因。但某种营养元素缺乏到什么程度会发生缺素症，却是个复杂的问题，因为作物种类不同，反应不同，即使同种作物还因品种、生育期、气候条件不同而有差异。

表3-3　典型的缺素土壤性状

| 缺素情况 | 土壤性状 |
| --- | --- |
| 贫氮 | 缺乏有机质和雨水多的沙土 |
| 贫磷 | 高度风化、呈酸性反应、有机质少的土壤 |
| 贫钙 | 由酸性火成岩或硅酸砂岩发育而来的、含钙的盐基饱和度低（小于25%）的土壤，由蛇纹石发育成的、多雨地区的沙土、酸性泥岩土、蒙脱石黏土 |
| 贫镁 | 碱性土，排水不良的黏土、冲积土、腐泥土 |
| 贫铜 | 由花岗岩和流纹石发育的矿质土壤，或富含石灰、富含氯素的土壤，或泥炭土、腐泥土和碱土，或由黄土母质发育而成的土壤 |
| 贫锌 | 由花岗岩、片麻岩风化而成的土壤，或冲积土，或碱性土 |
| 贫铁 | 富含石灰质的土壤，或富含锰的土壤，或排水及通气不良的土壤 |
| 贫硼 | 由酸性火成岩或淡水沉积而成的土壤，淋溶性强的沙质土壤，或酸性泥炭土，或腐泥土，或碱性土 |
| 贫锰 | 富含石灰质和有机质的土壤，或酸性的沙性强的砾砂土 |

#### （二）土壤营养元素不可吸收

土壤中该种元素本来富足，但由于种种原因导致土壤的营养元素不可吸收，从而促使作物的养分吸收处于低水平。引起这种土壤营养元素不可吸收的原因非常多，具体表现如下。

1. 土壤水分亏缺

土壤中水分亏缺，导致土壤养分不能被溶解成为可吸收的离子态，导致了作物对养分吸收下降。因此，作物缺素症多出现在干旱年份或季节。

2. 土壤pH不适

土壤酸碱度是影响微量元素有效性的重要因素。试验表明，pH高会引起缺铁、锌等症状；而在酸性土壤上，植株易出现缺钼症状。有些元素在酸性土壤中溶解度高，有效性也高；有些元素在碱性土壤中溶解度高，有效性也高。如铁、硼、锌、铜随pH

下降（在pH达4.5之前）溶解度显著提高，有效性迅速增加，pH接近中性或趋向碱性时有效性下降。钼则与此相反，其有效性随pH提高而增加。大量元素对pH反应一般比较迟钝，但其中磷是例外。磷的适宜pH范围极窄，严格来说仅在pH为6.5左右。pH<6.5时，磷和土壤中的铁、铝等结合而固定，pH越低，铁、铝溶解度越大，固定量越多；pH>6.5时，磷则与土壤中的钙结合而固定，有效性也降低。这种情况，一般是施用有机肥来改良土壤，如果想要效果更快，也可以在肥料施用的同时，应用土壤调理剂来对土壤进行调理。建议不要用石灰类，容易烧根、板结而且破坏土壤的固有生物活性。表3-4显示了各个元素的土壤最适pH。

表3-4 各个元素的土壤最适pH

| 元素 | 最适pH | 元素 | 最适pH |
|---|---|---|---|
| N | 6~8 | Fe | <6.5 |
| P | 6.5 | B | 5~7 |
| K | 6~7.5 | Mn | 5~6.5 |
| S | >6 | Zn | 5~7 |
| Ca | 6.5~8.5 | Cu | 5~7 |
| Mg | 6.5~8.5 | Mo | >6 |

### 3. 吸附固定

营养元素被无机物或有机物所吸附固定，导致其不能为根系吸收。各元素的吸附固定与成土母质或土壤有密切关系（表3-5）。例如：①泥炭土、腐殖质土中，磷、钙、锰、锌等元素容易被吸附固定；②有机质多的土壤中，锰、锌、铜等元素容易被吸附固定；③碱土、苏打土中，钙、镁、铁、硼等元素容易被吸附固定；④石灰性土壤中，磷、锰、硼、铜等元素容易被吸附固定；⑤黄土母质发育的土壤（蒙脱土的黏粒）中，硼、钙、铜等元素容易被吸附固定。

表3-5 成土母质或土壤对元素的吸附固定

| 成土母质或土壤 | 被固定的元素 |
|---|---|
| 泥炭土、腐殖质土 | P、K、Ca、B、Mn、Mo、Zn、Cu |
| 碱土、苏打土 | Ca、Mg、Fe、B、Zn、Cu |
| 石灰性土壤 | P、Mn、B、Cu |
| 有机质多的土壤 | Mn、Zn、Cu |
| 花岗岩、片麻岩发育的土壤 | Zn、Mo |
| 黄土母质发育的土壤（蒙脱土的黏粒） | B、Ca、Cu |
| 铁结合的酸性土壤 | Mo |

针对这种情况，一般复合肥肥料利用率会变得特别低，因此建议施用全水溶或者全水基的液体肥料，这些肥料营养活性高，吸收利用率好，一旦施用，快速吸收，不容易被固定。

4. 元素间的拮抗

土壤中各类元素之间存在拮抗的关系，导致一种营养元素的水平影响到作物对另一种营养元素的吸收。如生理性含氮过量容易导致土壤中铵离子过多，和镁、钙产生拮抗作用，影响作物对镁、钙的吸收。氮肥施用过量，会刺激作物生长，导致钾素需要量大幅增加，容易造成作物缺钾。

磷肥不能与锌同时施用，因为磷和锌会形成磷酸锌沉淀，降低磷和锌的利用率。磷肥施用过量，多余的有效磷会抑制作物对氮的吸收，还会导致缺铜、缺硼和缺镁。过量的磷可阻碍锌的吸收，导致锌固定，造成锌缺乏。过磷酸盐等磷酸盐肥料的过量使用还会激活土壤中对作物生长发育有不利影响的物质，如活性铝、活性铁和镉等，对生产不利。

钾肥施用过量会造成浓度障碍，使植物易发生病虫害，在土壤和植物中与钙、镁、硼发生拮抗作用，严重时导致作物病害，如辣椒、番茄等果实脐腐症和叶色黄化，严重可造成减产。

钙肥施用过多，会阻碍氮、钾的吸收，易使新叶焦边，茎秆细，叶片苍白。过量施用石灰会导致土壤溶液中钙离子过量，对镁离子产生拮抗作用，影响作物对镁的吸收，同时，也容易造成作物体内硼、铁、磷的缺乏。镁过多，茎秆细弱，果实变小，容易滋生霉菌病。钙、镁能抑制铁的吸收，因为钙、镁呈碱性，可以使铁由易吸收的二价铁变成难以吸收的三价铁。缺硼会影响水和钙的吸收及其在体内的移动，导致分生细胞缺钙，细胞膜形成受阻，使幼芽及子粒的细胞液呈强酸性，导致生长停滞。缺硼还可导致植物体内铁缺乏，使植物抗病性下降。

钙、锌、铁阻碍植物对锰的吸收，铁的氢氧化物可使锰呈沉淀状态。施用生理碱性肥料使锰被固定。钒可减缓锰的毒害。硫和氯可增加释放态和有效态的锰，有利于锰的吸收，铜不利于锰的吸收。

矿质元素间不仅产生了拮抗作用，而且也起到了协同作用（图3-5）。因此，在某些情况下，可以充分利用协同作用，促进两种元素的协同吸收，提高肥料利用率。

5. 土壤理化性质不良

土壤坚实，底层有硬盘、漂白层、地

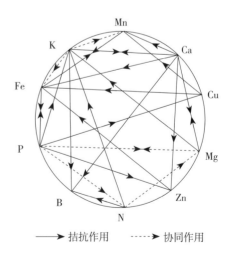

图3-5　各元素之间的拮抗作用和协同作用

下水位高等都会限制根系的伸展，减少作物对养分的吸收，加剧或引发缺素症。高地下水位如一些低地，在梅雨季节地下水位上升时期作物缺钾症较多发生；而在钙质土壤中，高地下水位还使土壤溶液中重碳酸离子（$HCO_3^-$）增加而影响铁的有效性，从而引发或加剧缺铁症等。不合理的土地平整使土性恶劣、养分贫瘠的底土上升也常成为缺素的原因。

## 二、不良的气候条件

不良的气候条件也影响了作物的养分获取。一般来说，低温减缓土壤养分的转化，也削弱作物对养分的吸收能力，故低温容易促发缺素。通常寒冷的春天容易发生各种缺素症。

雨量也对缺素症的发生产生明显影响，雨量偏多偏少影响营养元素的释放、淋失及固定等。如干旱促进缺硼，一般作物缺硼症常在干旱年份大面积发生，这是因为土壤有效硼主要来自有机质的分解矿化，干旱抑制了微生物的活动，削弱了硼的有效化过程。在土壤水分亏缺的情况下，养分向根系的扩散速率显著减缓，也诱发或促进缺素。相反，多雨容易促发缺镁和缺铁，前者是由于增加淋失，后者主要是增加土壤中$HCO_3^-$浓度之故。

日照对于某些元素的缺乏也有一定的影响。如果树的缺锌常以树冠的南侧为重，因为光破坏生长素，受光多时需要较多的生长素，缺锌时，植物体内生长素形成减少，南侧的树冠更易感到生长素不足；反之，光照不足会加剧失绿现象，如处于荫处的缺铁花叶其失绿程度往往更深，持续时间更长，因为光照是叶绿素的生成条件。

## 三、土壤施肥不科学

施肥是为了补充植物的营养，如果不依科学施肥就可能事倍功半。要做到科学施肥是很不容易的，要充分了解树种品种的需肥特点、土壤性质和雨水状况，还要了解肥料成分、含量和理化性质以及树体和果园管理的技术水平等。因此，科学施肥是保障作物获得足够养分的重要途径。

生产上偏施化肥极易引发缺素症。一般偏施氮肥会影响钙的吸收，使植株表现为缺钙症；偏施钾肥，会影响植株对硼的吸收，出现缺硼症；偏施磷肥易引起缺铁、缺锌等症。

生产上有机肥施用量少也容易引发缺素症。目前，蔬菜田间的微量元素主要通过施入有机肥来补充，如有机肥用量少，本来缺素的土壤中的微量元素会进一步缺乏。

## 四、土壤管理措施不当

在植物生产过程中，各类土壤管理措施不当也是引发植物养分缺乏的一个重要原因。

### （一）土壤紧实

不松土、不耕翻、未经改良的土壤易紧实板结，其中固态、气态、液态三者比例失调，使养分成为不可给态；同时，土壤紧实也不利于根系伸展，从而导致营养失调，这种情况多易造成缺锌、缺钾和缺铁。

### （二）温度和水分调节不当

当早春气温低时进行果园大水漫灌，往往会降低地温而影响铁的溶解度，还会影响根系的正常活动，从而导致缺铁；夏秋季节气温太高时进行地面覆盖，会导致地温太高从而限制铁的吸收和根系的活动，也易导致秋梢出现缺铁症。

### （三）改土不当

锌、锰元素多在耕作层的表层，由于深翻改土和修筑样田，将表土和心土进行置换，然后育苗，由于苗根多分布在上层，从而造成缺锌和缺锰症。

## 五、未能适地种树

### （一）树种和品种安排不当

没有根据土壤性质安排树种和品种，会导致缺素症的出现。例如，石灰性土壤上种植板栗，表现为缺锰；在缺铁土壤上种植苹果时，品种差异明显，种植伏花皮比国光、富士、金帅、红玉缺铁轻或少。果树缺铁由难到易的排序为山楂、苹果、梨、桃、樱桃。

### （二）砧木和砧穗组合选择不当

对于果树而言，不同的砧木或者砧穗组合选择不当，也是引发果树缺素的一种原因。如山东烟台以山定子和苹果本砧为砧木的发生缺铁症最重，西府海棠为砧的较轻，烟台沙果和福山小海棠为砧的最轻。

不同土壤、基砧和中间砧组合，对柑橘品种不知火的影响不同（表3-6）：砧木应选择红橘、香橙等强势砧木，忌枳砧；中间砧应以长势强旺品种为宜，如脐橙、血橙、彭祖寿柑等，忌温州蜜柑，尤以尾张等晚熟温州蜜柑表现差（李红春，2013）。适宜的土壤、砧穗组合是栽培不知火的基本条件，能使不知火表现树势中等偏旺，结果良好；

不适宜的土壤、砧穗组合，则使不知火表现树势衰弱，结果差。

表3-6　柑橘品种不知火在不同土壤、基砧和中间砧组合上的表现

| 砧穗组合 | 土壤类型 | 生长势 | 结果表现 |
|---|---|---|---|
| 枳/不知火 | 黄壤 | 较弱 | 丰产性较好，但结果稍多，树势易衰弱，容易出现死树现象 |
| | 紫色石骨土 | 弱 | 丰产性较好，但结果稍多，树势易衰弱，容易出现死树现象，缺素黄化现象加重 |
| 枳/脐橙/不知火 | 黄壤 | 较弱 | 丰产性较好，但结果稍多，树势易衰弱，容易出现死树现象 |
| | 紫色石骨土 | 弱 | 丰产性较好，但结果稍多，树势易衰弱，容易出现死树现象，缺素黄化现象加重 |
| 枳/尾张温州蜜柑/不知火 | 黄壤 | 较弱 | 丰产性较好，但结果稍多，树势易衰弱，容易出现死树现象 |
| | 紫色石骨土 | 弱 | 丰产性一般，树势极易衰弱，容易出现死树现象，缺素黄化现象较严重 |
| 红橘/不知火 | 黄壤 | 中偏旺 | 丰产性好，结果性状好，树势长势较好 |
| | 紫色石骨土 | 中等 | 丰产性好，结果性状好，树势长势较好，有轻微黄化现象 |
| 红橘/脐橙/不知火 | 黄壤 | 中偏旺 | 丰产性好，结果性状好，树势长势较好 |
| | 紫色石骨土 | 中等 | 丰产性好，结果性状好，树势长势较好，有轻微黄化现象 |

## 六、病虫危害与机械伤害

园艺植物病虫危害和机械伤害等发生，也对根系的吸收功能进行了破坏，进而也伴随着植物缺素症状的出现，从而使得缺素、病虫危害、机械伤害等联合出现。如苹果烂根病可导致缺氮、缺磷和缺锌，地下害虫（如线虫、金针虫、蛴螬和地老虎）可导致草莓缺氮、缺磷。

## 七、其他田间栽培技术不当

园艺植物栽培过程中，其他的一些栽培技术使用不当也会引发缺素症。

## （一）回缩修剪过重

修剪过重会在植物上造成较大的疤痕，特别是疤痕还朝向阳光一侧，且时间较长，其附近的枝条多出现缺锌。

## （二）剥皮过重

环状剥皮过多会导致园艺植物缺氮、缺硼、缺锌等疾病。

## （三）负载量太大

果实负载量过大，导致当年果实偏小，且影响第二年的果实发育并导致缺素症的发生。

## （四）连作障碍和种植园间作不当

许多的西瓜、苹果、桃树极容易发生连作障碍，导致新的种植园易发生各类缺素症；在果园套种不同的作物，如苹果园种植向日葵或萝卜容易导致缺硼，套种玉米容易导致缺锌。

除此之外，生长条件差、土壤过湿或过干、天气寒冷或土壤压实导致根系生长不良，无法获得足够的营养也极容易触发园艺植物的缺素发生。种植园使用除草剂等造成的根系损伤以及某些植物的遗传特性，都会引发园艺植物的缺素症出现。

# 参考文献

［1］BELL R. Diagnosis and prediction of deficiency and toxicity of nutrients [M] //RENGEL Z, CAKMAK I, WHITE P J. Marschner's mineral nutrition of plants. 4th edition. London: Academic Press, 2023: 477–495.

［2］FOLLETT R H, FOLLETT R F, HALVORSON A D. Use of a chlorophyll meter to evaluate the nitrogen status of dryland winter wheat [J]. Communications in Soil Science and Plant Analysis, 1992, 23 (7–8): 687–697.

［3］边立丽. 基于地面与低空影像的烤烟氮素营养诊断［D］. 北京：中国农业科学院，2021.

［4］焦雯珺，闵庆文，林焜，等. 植物氮素营养诊断的进展与展望［J］. 中国农学通报，2006，22（12）：351–355.

［5］李红春. 柑橘品种不知火栽培技术探讨［J］. 园艺与种苗，2013（7）：37–39.

［6］孟利峰. 果树的营养诊断方法［J］. 中国果菜，2019，39（8）：77–79.

［7］宋丽娟，叶万军，郑妍妍，等. 作物氮素无损快速营养诊断研究进展［J］. 中国稻米，2017，23（6）：19–22.

［8］唐菁，杨承栋，康红梅. 植物营养诊断方法研究进展［J］. 世界林业研究，2005，18（6）：45–48.

［9］周玉秋. 蔬菜缺素症的发生原因与防治［J］. 安徽农学通报，2006，12（11）：174，154.

# 第四章　园艺植物营养诊断的实施及
## 缺素症的矫正

开展园艺植物营养诊断及缺素症的矫正是生产优质农产品、美化生活环境的重要保障，是实现食品安全的重要抓手。

## 第一节　园艺植物营养诊断的实施

### 一、园艺植物营养诊断的实施程序

#### （一）了解种植园的施肥历史和现状

在营养诊断之前，必须要了解诊断的种植园在最近五年的施肥状况，了解施肥历史和现状，如施肥种类、施肥量、施肥时间、基肥或追肥的施用间隔等，为后续营养亏缺的确定提供参考。

#### （二）调查种植园的植物历史产量和生长发育状况

在营养诊断之前，还需要向种植园园主咨询了解诊断的种植园近五年的产量以及园艺植物的生长发育状况。通过如此的调查，可以大致估算园艺植物近些年因产量和生长势而消耗的养分，以及施用的肥料能否支撑这些产量和生长势。

#### （三）植物缺素形态的观察诊断

在这个步骤中，首先看发病的顺序，究竟是新叶、顶芽先发作还是老叶先发作，如新叶先发作可能是缺铁等，顶芽先发作可能是缺钙，老叶先发作可能是缺氮、磷、钾、镁。随后，看发病部位，是植株矮小、叶片整体有问题，还是叶脉间、叶边缘有问题，如缺钾时叶片边缘会呈现特殊的灼烧状，缺铁、缺锰都是叶脉呈绿色，叶脉间变黄。最后，看具体的症状，叶片颜色是否发生变化（变红、变黄、变焦），是否有褶皱或者斑点，如缺磷叶片会变紫红色、缺锰到后期叶片会有坏死的斑点。图4-1展示了植物各类缺素的典型症状。

硼：嫩芽变色，逐渐坏死脱落

钙：植株暗绿，嫩叶发黄，嫩芽最先开始发干，最终死亡

硫：叶片浅绿，叶脉偏黄，但是没有病斑

铁：叶片发黄，没有病斑。叶脉还是绿色

锰：叶片失绿，叶脉深绿，呈网纹状

铜：叶脉中间发白，叶片萎蔫下垂

锌：叶片失绿，又窄又短，叶脉深绿，叶表和边缘有深色病斑

钼：叶片呈浅绿至橘黄色，除叶脉部分，叶片其他部位均有病斑，并带有黏性分泌物

镁：从边缘开始失绿，没有病斑，叶片边缘有坑洼状褶皱。严重时叶片死亡脱落

钾：叶片发黄，叶尖和叶片边缘有锈斑，叶尖发皱

磷：植株矮小、暗绿严重时会发黑。叶片背面呈青铜色

氮：植株生长缓慢。叶片严重失绿、向上立起，褪色成淡绿或淡黄。严重缺乏时表现为焦叶

图4-1  植物各类缺素的典型症状

（四）采集土壤和植物（叶片或根系等）样品带回实验室进行化学分析

土壤分析和植物分析哪个更适合作为施肥或者营养亏缺的依据，一直存在争议。这两种方法都依赖于校准，即确定土壤或植物中养分含量与相应的生长和产量响应曲线之间的关系，通常是在使用不同肥料含量的盆栽或田间试验中获得的。两种方法各有优点和缺点，均给出了定性的结果。土壤化学分析表明，在有利于根系生长和根系活动的条件下，根系可能吸收养分的潜在有效性。严格意义上的植物分析只能反映植物的实际营养状况。原则上，两种方法的结合比单独使用一种方法提供了更好的施肥建议，但这也取决于植物种类、土壤性质和所讨论的矿质营养等条件（Marshner，2003）。

在果树中，仅靠土壤分析并不能提供令人满意的施肥指导建议，主要是因为很难准确地确定深根植物吸收大部分养分的根区。另一方面，在多年生植物中，矿物质养分的季节性波动较大。因此，成熟叶片的营养成分能准确反映植物的长期营养状况，在多年生物种中，叶面分析在大多数情况下成为首选的方法。然而，在这种情况下，对一个给定地点至少进行一次土壤化学分析，对于确定潜在可用养分的总体水平是必要的。

在一年生作物中，矿质养分含量的短期波动严重限制了肥料建议的提出。土壤化学分析是预测整个生长季节植物养分含量变化范围的必要条件。一年生作物的大部分矿质养分是从表土中吸收的，这使得土壤分析更容易。

植物的营养不平衡，特别是潜在的微量元素缺乏，是一个问题，特别是在集约化农业中。这个问题也是世界性的，其不仅影响植物产量，而且影响植物对病虫害的抗性和耐受性。

### （五）根据养分的丰缺值或临界值进行判断

根据第三章描述的化学诊断方法中给定的不同园艺植物叶片营养元素亏缺的临界值（表3-1），对测定的园艺植物养分丰缺进行评价。如果低于养分的临界值，则这个植物可能缺乏该元素；如果高于养分的临界值，则这个植物可能不存在该元素的缺乏。

### （六）综合分析诊断

结合前面了解的施肥历史、植物产量和生长势，以及形态观察、化学诊断的养分数据进行综合分析，最终做出一个综合的决定。

### （七）施肥验证和矫正

通常，仅轻微抑制生长和产量的营养失调不表现出具体的缺素症状。当缺素症严重时，症状变得明显，生长速度和产量明显下降。此外，许多天然植被的一年生和多年生植物物种，特别是那些适应于营养亏缺地点的植物，将其生长速度调整到适应最有限的营养状况，因此不会出现明显的缺素症状。基于可见症状的诊断方法，症状优先出现在较老还是较年轻的叶片上，这取决于矿质元素是否容易在韧皮部转移。

缺素症状也可以通过错误的施肥模式产生，如长期肥料供应不足或大量供应肥料突然中断。黄化或坏死以及两者的类型是诊断的重要标准。通常，营养缺乏的症状比营养过量的症状更具体，除非一种矿物质的毒性导致另一种矿物质的缺乏。在田间种植的植物中，如果缺乏一种以上的矿质营养素，或者缺乏一种矿质营养素的同时又有另一种矿质元素的毒性，诊断可能特别复杂。这种同时发生的缺乏和毒性给诊断带来困难。例如，在淹水的酸性土壤中，锰毒性和镁缺乏症可能同时发生复杂症状。由于存在疾病、害虫和其他症状，例如，有包括喷雾损伤在内的机械损伤，诊断可能会进一步复杂化。为了将营养失调的症状与其他症状区分开来，通常营养失调总有一个典型的对称模式，即植物上相同或相似位置（生理年龄）的叶子表现出几乎相同的症状模式，从老叶到嫩叶，症状的严重程度有明显的分级。

为了进行更精确的形态诊断，获取额外的信息对诊断是有帮助的，包括土壤pH、土壤矿质养分含量、土壤水分状况、天气条件以及肥料、杀菌剂或农药的应用。

## 二、园艺植物缺素症与病害的区别

植物出现病态症状的原因很多，除由缺素引起的生理性病害外，还有因病毒、病菌等引起的侵染性病害。同时，某些虫害也可造成与病害相似的症状。如红蜘蛛为害叶片后，叶片呈小褐色死斑，与缺素症十分相似。因此，在诊断缺素症时，应排除其他病因（如病虫害、施肥灼伤、旱涝、低温高温、光照过强或过弱、污染中毒等）以及该植物在各个生长时期有无形态上的变化后，才能确诊。可以从以下四个方面综合分析研判。

### （一）看病症发生发展的过程

病害具有传染性，一般具有明显的发病中心，再迅速向四周扩散，通常成片发生；而缺素症一般无发病中心，以散发为多。

### （二）看病症与土壤的关系

园艺植物病害与土壤类型、特性一般无特殊关系，无论何种土壤类型，只要有病源，都可以通过风雨、昆虫等传播，从而使植物感染病害；而缺素症的发生与土壤类型关系密切、与土壤特性关系明显。

### （三）看病症与天气的关系

蔬菜病害一般在阴天、湿度大的天气多发或病症加重，植株群体郁蔽时更易发生。而缺素症与天气的关系很小，但土壤如果长期水涝、干旱、遮阴等也可以促发一些缺素症的发生。如植株长期滞水可导致缺钾，表现为叶片自下而上叶缘焦枯；春季干旱可诱发蔬菜缺锰，症状首先出现在心叶，表现为叶脉间失绿，并出现黄白色斑点。

### （四）看病症与叶脉的关系

营养失调的植株往往散布全园，甚至邻近果园也发生相似症状，其病变部位常与叶脉有关，沿叶脉、在叶脉间或沿叶缘发生，每片叶上症状相似而且散布面较广。病虫害症状一般与叶脉无关，叶片之间相似程度较小，为害较集中。

表4-1列出了植物缺素症与病毒病的区别。

表4-1　植物缺素症与病毒病的区别

| | 缺素症状 | 病毒病 |
|---|---|---|
| 病症发生发展过程 | 一般没有发病中心，大多表现较为有规律 | 发病部位不规则、无规律，有传染性和明显的发病中心，会迅速向四周扩散，通常成片发生 |
| 发病部位 | 老叶易缺乏氮、磷、钾、镁等，顶芽易缺乏钙、硼。叶片失绿、畸形、萎缩等 | 每个部位都可能发生，幼嫩叶片最易感病 |
| 与土壤的关系 | 有明显关系，不肥沃的土壤多发生缺素症 | 无特殊关系，无论哪种土壤，偏施氮肥，或氮磷钾肥未配合使用，都可能发病 |
| 与天气的关系 | 与土壤长期浸水或干旱因素有关 | 大多发生在阴天、湿度大的天气，植物较浓密、不通风时更易发生 |

确定是生理性病害之后，再诊断所缺元素和分析缺素的原因。对种植园，要首先观察病症是否具有普遍性，如只有个别病株发病，就要分析在这块地上是否有有毒性物质施入或由于其他因素破坏了土壤养分的平衡分布，从而使个别植株产生缺素症。另外，还要观察根系生长的情况，了解根系是否感染了病菌，是否有有毒物质抑制了根系生长，使某些植株根的吸收机能受害，出现缺素病状（吴兆明，1984）。找出原因之后就可采取措施，加以防治。

## 三、合格的植物营养诊断专家

一个合格的植物营养诊断专家应具备以下素质。

（1）有能力做好准备，知道如何识别症状和错误的信息，并具有将症状与原因联系起来的能力。

（2）植物营养诊断专家应识别植物必需营养元素的亏缺症状。

（3）植物营养诊断专家应了解土壤取样程序和植物取样程序。

（4）植物营养诊断专家可找到与被诊断的土壤或植物相关的参考资料。

植物营养诊断专家应随身携带下列物品：①铁锹，用于铲起植物的根以便检查植物根；②刀，用于切断植物样本；③土壤或植物样本管，用于收集土壤或植物样本供实验室分析，并检查土壤的颜色、质地和紧实性；④手持放大镜，用于检查植物组织病害和鉴定昆虫；⑤笔记本或照相机，用于记录症状和保存现场照片；⑥适宜的容器，用于存放土壤及植物组织样本，以供日后检验及（或）化验分析，以保持其完整性。

合格的植物营养诊断专家应该走到园艺植物旁，观察发生的缺素情况，进一步观察病虫害的状况，记录植物的生长条件，采集土壤和植物组织样本，初步评估后提出可能的结果，从了解和已观察到的现象中排除其他的原因，给出现场建议。

随后，根据采集的样本、环境条件和植物的养分需求特性，准备一份电子表格，列出种植土壤的准备、土壤肥力不足的纠正办法、种植计划等：最适合当前土壤的耕作方法；适当的轮作；通过石灰降低土壤酸度或者石膏降低土壤盐碱，构建适当的土壤pH环境；正确的肥料数量和种类；最适合当前气候和土壤条件的植物品种或杂交品种；正确的种植方法和时间；适当的种植间距；保持水分的有效利用；除草剂的使用；防治病虫害的农药；及时监测作物（植物分析）；有害生物监测；正确的收割方法和时间。

## 第二节　园艺植物缺素症的矫正

在某些情况下，可以根据形态诊断立即推荐使用肥料的类型和数量。然而，在其他情况下（如缺铁性黄萎病），形态诊断不足以作为建议施肥的依据。因此，还必须分析叶片和其他植物部位以及土壤养分状况，这对一年生园艺植物尤其重要，因为它们需要立即得出结果。例如，许多园艺植物的倒伏原因是养分失调，其中过量施用氮肥往往使植株茎秆细弱，容易头重脚轻，倒伏的可能性增大；磷肥和钾肥，尤其是钾肥，能够提高植物的抗倒伏能力。此外，园艺植物营养成分的季节性波动也需要关注，避免一次性诊断出现误判。

### 一、根外施肥

一般来说，如果园艺植物已经出现了营养缺素的症状，那么就可优先进行根外施肥，对植物生长的不同阶段、需肥特征、土壤环境、气候等进行全方面考虑，做到合理施肥、科学施肥，提高肥料的利用率。但根外施肥一般需要满足以下条件。

（1）基肥不足，园艺植物已经表现出严重的脱肥现象。

（2）园艺植物根系受到了伤害，还没有恢复。

（3）遭遇自然灾害，需要迅速恢复园艺植物的正常生长和生理活性。

（4）深根性的果树采用传统的土壤施肥方法已经不能见效。

（5）园艺植物已经出现了缺素症。

（6）园艺植物种植密度过大，已经无法进行土壤施肥。

## 二、施肥的原则

在进行施肥的时候需要一个施肥原则要坚持（坚持有机肥和无机肥配合使用），两个养分平衡要做到（做到氮、磷、钾养分之间的平衡以及大量元素养分和微量元素养分之间的平衡），三种施肥方式要灵活（基肥、种肥和追肥三种施肥方式要根据具体情况灵活使用），四个施肥原理要牢记（牢记养分归还学说、养分最小律、报酬递减律和因子综合作用律），五项施肥指标要兼顾（从产量、质量、经济、环保和改土五个方面综合评价），六种施肥技术要综合运用（以平衡施肥为依据，以施肥量为核心，配合肥料种类、养分配比、施肥时期、施肥方法和施肥位置等技术来发挥肥料的最大效果）。

## 三、预防缺素的措施

### （一）及时浇水
土壤干旱容易造成园艺植物缺素的情况发生，在生产中要注意及时浇水。

### （二）养护好植株的根系
因根系受伤造成吸收能力弱而引起缺素症的，要注意养护好植株的根系。浇水过多、地温低、施肥过量都会造成植株根系受伤，从而造成缺素症的发生。

### （三）应用测土配方施肥技术
建议应用测土配方施肥技术，注意平衡施肥，避免元素之间发生拮抗作用。肥料的不合理使用，会导致元素之间发生拮抗作用，造成某种元素在用量过多的情况下抵制根系对另一种元素的吸收，从而造成蔬菜缺素症的发生。

### （四）及时追肥
无论何种原因引起的园艺植物缺素，都要及时追肥。追肥的方式有冲施、穴施和叶面喷施。通常大量元素的追肥浓度控制在0.2%～2%，微量元素的追肥浓度控制在小于0.2%。不能图方便省事而只采用叶面追肥，要叶面施肥和根系施肥结合（张改强等，2016）。

田间的营养诊断可以为园艺植物的营养需求提供肥料配方；针对田间园艺植物的具体表现，提供更有效的追肥配方；为农业生产提供更全面的肥料货源；减少某些肥料尤其是氮肥的过量投入。

# 参考文献 \\\\\\

［1］MARSCHNER H. Mineral nutrition of higher plants [M]. 2nd ed. London: Academic Press, 1995.

［2］吴兆明. 植物缺素诊断［J］. 植物杂志，1984（4）：6-7，54.

［3］杨利玲. 蔬菜病害与缺素症的田间区分［J］. 西北园艺，2003（5）：34.

［4］张改强，王军峰，任水周. 蔬菜常见缺素症及防治措施［J］. 河南农业，2016（2）：13.

# 第五章　柑橘和番茄的缺素症诊断与矫正

　　柑橘是我国南方重要的果树之一，种植柑橘是山区农民脱贫致富的重要途径。如江西赣南地区在邓秀新院士的带领下发展成为集种植生产、贮藏加工、物流运输、包装印刷、休闲旅游、设备制造于一体的优势产业集群。湖北秭归县2023年涌现出柑橘"亿元村"12个、"五千万元村"27个、"千万元村"18个，种植户年均家庭收入在10万元以上，实现了柑橘种植面积40万亩，全产业链综合产值接近200亿元。青山绿水、漫山橙色，成为推动当地乡村振兴的亮丽色彩。

　　番茄既是日常蔬菜，又是新型水果，还是科研模式作物，具有"三位一体"的功能，因此越来越受到人们的青睐。2020年，我国番茄种植面积为95.14万$hm^2$，产量4874.9万t，逐渐形成了高纬度的北部地区、黄淮海流域、长江流域、华南及西南地区、黄土高原地区、云贵高原地区6大优势区域（周明等，2022）。湖北省应城市三合镇的番茄公社数字农场，打造数字农业场景，实现了番茄的智慧化、柔性化生产，带动传统农业升级转型，成为乡村振兴数字化的一个典范。

## 第一节　柑橘的缺素症与矫正方法

　　图5-1为柑橘的各类缺素症，可用于田间的快速诊断。

## 一、缺氮症

### （一）症状

　　（1）缺氮首先出现在较老的叶子上［图5-2（1）］，然后向较嫩的叶子发展。

　　（2）老叶叶片均匀发黄，呈淡绿色或黄色［图5-2（2）］；新叶体积小，叶片薄而易碎。严重时，生长减缓，叶片黄化而早期凋落。

　　（3）花少，果小，果皮苍白光滑，常早熟。

　　（4）严重缺氮时出现枯梢，树势衰退，树冠光秃。

　　（5）在柑橘4～10月叶龄的结果枝叶上，全氮含量以2.2%～3.0%为适，低于2%则为缺氮，超过3.6%为氮过剩。

老叶症状：氮、磷、钾、镁、锌、钼
新叶症状：铁、锰、硼、钙、铜、硫

［缺铁症］新叶
叶片变黄、发白，浅绿色网纹

［缺锰症］新叶
脉间失绿，有淡黄或白色斑点，斑驳界限不明显

［缺硫症］新叶
整叶变小、发黄，叶脉发白

［缺镁症］老叶
叶片底部绿色▼倒三角形

［缺磷症］老叶
叶片黯淡无光，发紫

［缺钼症］老叶
叶片黯淡无光，发紫

［缺氮症］老叶
叶小质薄，均匀黄化

［缺钙症］新叶
嫩叶变形，生长点受损，叶尖褪绿，主脉短，易裂果

［缺硼症］新叶
叶脉爆裂凸起，叶片下卷，授粉不良，"花而不实"

［缺铜症］新叶
叶片S形扭曲，变形

［缺锌症］老叶
叶片狭长、直立，斑驳黄化较缺锰明显

［缺钾症］老叶
叶尖发黄，边缘焦枯，易感病

正常老去的叶片

图5-1　柑橘的各类缺素症

（1）老叶叶片均匀黄化

（2）严重时整个植株黄化，且基部叶片黄化更严重

图5-2　柑橘缺氮症状

（二）矫正方法

（1）根据柑橘生长发育的需要，适时适量施用氮肥；多花多果的树应比少花少果的树增加氮肥用量；严寒来临之前要施氮肥；沙质重的土壤可扩穴改土、增施有机肥；避免过多施用钾肥。

（2）新叶出现淡绿色至黄色时，或结果期缺氮，可用0.3%～0.5%尿素进行叶面喷施，7～10d喷施1次，连续2～3次，或用0.3%硫酸铵喷施。

（3）根据柑橘树体生长发育需肥规律和挂果量，适时适量合理施用有机肥或氮素化肥。在每次新梢萌芽前和开花前7～10d、果实膨大期，及时施入充足的有机肥或氮素化肥。施肥量根据施肥水平，生产1t果实，需要纯氮5～7kg。挂果量大的树，适当增加氮素化肥的施用量。

（4）避免过多施用磷、钾肥。

（5）做好柑橘园排灌系统，避免雨季积水。对于排水不畅或积水的柑橘园，及时开深0.6～1.2m的沟进行排水，以保证根系的正常生长等。

## 二、缺磷症

（一）症状

（1）磷可从较老组织向较嫩组织转移，因此症状首先出现在老叶上。

（2）老叶表现为叶子小而窄，呈紫色或古铜色，趋向紫色；小叶密生，新梢停止生长。

（3）果实品质差，果皮粗糙，外皮厚，核中空且大（图5-3），果汁少，渣多，味酸，采果前常发生严重落果。

（4）在柑橘4～10月叶龄的结果枝叶上，全磷含量以0.15%左右为适量，低于0.1%为缺磷，超过0.3%为磷过量。

大幅减产
果酸
皮厚
空心
汁少
落果多
果软
保鲜期短

（1）缺磷果皮厚　　　　　　　　　　　（2）缺磷空心

图5-3　柑橘果实缺磷症状

（二）矫正方法

（1）磷在土壤中易被固定，有效性较低，移动性小，因此，在矫治柑橘缺磷时，春季土壤增施磷肥应与有机肥配合施用。

（2）在酸性红壤土、黄壤土中，施石灰1125～1500kg/hm²和钙镁磷肥900～1200kg/hm²。

（3）对植株施过磷酸钙0.5～1.0kg或叶面喷施0.5%～1.0%过磷酸钙浸出液（浸泡24h），或喷施1%磷酸铵，每隔7～10d喷一次，连续2～3次。

（4）扩穴翻埋大量有机肥以改良土壤，如施难溶性的磷矿粉、骨粉和钙镁磷等磷肥，应在施用前与有机肥堆沤，待其腐熟后再挖穴深施。

（5）在高温干旱季节进行地面覆盖，以保持土壤水分，使磷易被吸收。


## 三、缺钾症

（一）症状

（1）抽生的枝条细弱，老叶叶尖及叶缘黄化，叶片呈烧焦状（图5-4），易皱缩或蜷缩呈畸形，个别叶中脉和侧脉变黄，出现褐斑，易落叶。

（2）新梢少，叶少而小，小枝枯死。

（3）果实小，皱皮，果皮薄而光滑，着色快，裂果较多，味淡酸少。

（4）在柑橘4～10月叶龄的结果枝叶上，全钾含量以1.0%～1.6%为适量，低于0.3%为缺钾，超过1.8%为钾过量。

图5-4　柑橘叶片缺钾症状

（二）矫正方法

（1）可用0.5%硝酸钾或硫酸钾叶面喷施，或1%～3%草木灰浸出滤液叶面喷施，或0.3%～0.5%磷酸二氢钾叶面喷洒；每隔5～7d喷一次，连续2～3次。

（2）每隔2～3年对土壤施用钾肥，可在2月下旬至3月上旬的早春时节，在每株柑橘的根际施硫酸钾0.5～1.0kg。

（3）对于已定植的柑橘园，采用化肥与有机肥配合使用进行矫治。有机肥应与土壤混匀，化肥使用硫酸钾，成年柑橘树每年每株施入硫酸钾250～500g。宁少不多，避免施用过多而引起其他元素的缺乏症。注意旱季灌溉和雨季排涝，以提高钾的有效性。

（4）少施或不施氨态氮肥，以免影响钾的吸收。

## 四、缺钙症

（一）症状

（1）钙在柑橘体内难以移动，所以新梢叶片上缺钙症状明显，顶梢死亡，而老叶上症状不明显。

（2）树势弱，新梢短而弱，枝叶稀疏，易枯死。

（3）根系少，生长衰弱，呈棕色，最后腐烂。

（4）新梢叶片窄而小，叶缘处首先呈黄色或黄白色，主、侧脉间及叶缘附近黄化，主、侧脉及其附近叶肉仍为绿色。严重缺钙时，新叶先端和叶缘变黄，黄色区域沿叶缘向下扩大，叶面大块黄化，并产生枯斑 ［图5-5（1）］，不久叶片黄化脱落，树冠上部分出现落叶枯枝。

（5）在秋冬低温来临时容易出现叶脉褪绿、变黄、凸出，叶片易脱落。

（6）花多，落蕾落花多，坐果率低，生理落果严重。

（7）果皮皱缩或软，果实味酸，汁胞皱缩或胶质化，可溶性固形物含量低，易出现裂果 ［图5-5（2）］、浮皮、落果、日灼病 ［图5-5（3）］、果小畸形等。

（8）在柑橘4～7月叶龄的结果枝叶上，其含钙量以2.5%～4.5%为适量，低于2%为缺钙，超过6%为钙过量。

（1）上部叶片黄化、卷曲甚至落叶　　　　　（2）裂果　　　　　（3）果实日灼

图5-5　柑橘叶片和果实缺钙症状

（二）矫正方法

（1）发现柑橘缺钙时，可叶面喷0.3%～0.5%硝酸钙或0.3%磷酸二氢钙，或喷洒2%的熟石灰液。

（2）矫正酸性土壤缺钙的根本办法是在酸性土壤中增施石灰，调节土壤酸碱度，若土壤中pH低于6.0，则需要进行矫正处理，每亩施用石灰150kg，并增施有机肥。

（3）合理施肥。钙含量低的酸性土壤，除施石灰外，还应多施有机肥，少施氮和钾等酸性化肥。石灰不要与有机肥混施，以免降低效果。沙性土壤应更换肥沃黏性土壤，或施有机肥改良土壤。

（4）做好水土保持，减少钙随水土流失而流失。坡地酸性土壤柑橘园，宜修水平梯地，台地外高内低，同时台面进行生草栽培，雨季进行地面覆盖。

## 五、缺镁症

### （一）症状

（1）缺镁多发生在老叶上，春、夏、秋梢老叶片都能见到缺镁症状，晚夏或秋季果实成熟时较为常见，结果多的树、结果多的枝，以及靠近果实的叶片缺镁症状更明显。

（2）典型的缺镁叶片，老叶在叶脉间出现不规则黄斑（图5-6），黄斑扩大，在主脉两侧连成带状，最后只剩下叶尖和叶基部呈绿色，叶基部的绿色区通常呈倒"V"字形，绿色的倒"V"字尖朝向叶柄。

图5-6　柑橘叶片缺镁症状

（3）镁为组成叶绿素的重要元素，严重缺镁的柑橘树，叶片光合作用差，果实变小，产量降低，另外，缺镁还会影响糖分合成和转化，使果实后期着色缓慢，影响成熟。

（4）多核品种、柚砧、枳砧等易发生缺镁症。

### （二）矫正方法

（1）向土壤中增施钙镁磷肥及有机肥。红壤、黄壤等pH在6以下的酸性土壤，每株树施用0.5～1.0kg钙镁磷肥、氧化镁、氢氧化镁等，最好与猪粪、鸡粪等有机肥沤制成堆肥，在春季施入土中。紫色土等碱性土壤不宜施用钙镁磷、氧化镁等碱性镁肥，可施用硫酸镁和硝酸镁等肥料。钾、钙有效浓度很高的土壤，对镁有极明显的拮抗作用，也抑制根系对镁的吸收能力，须增加镁肥施用量。

（2）对叶片喷施镁肥，每年每亩土壤施氧化镁10～20kg。也可在幼果期至果实膨大期，叶面喷洒0.1%～0.2%硫酸镁溶液，每7～10d喷一次，连喷2～3次。

## 六、缺铁症

（一）症状

（1）缺铁首先出现在幼叶上，影响叶绿素的形成，使叶片呈现失绿现象。叶片变薄、变脆弱，叶脉为绿色网纹状［图5-7（1）］，其他部位都变黄或变白；严重时幼叶及老叶均变成白色，只留下中脉保持淡绿色［图5-7（2）］，叶上常出现坏死的褐色斑点，叶片易脱落。

（2）缺铁常在碱性紫色土或石灰岩风化的新土柑橘园中出现，黄化的树冠外缘向阳部位的新梢叶最为严重，春梢发病多，秋梢与晚秋梢发病较严重。

（3）果实成熟稍有推迟，果皮、果肉色淡、味淡。

（1）叶脉呈网状结构　　　　（2）中脉保持淡绿色

图5-7　柑橘叶片缺铁症状

（二）矫正方法

（1）在新梢生长期，每半个月喷1次0.1%～0.2%的硫酸亚铁或柠檬酸铁，或将硫酸亚铁与有机肥混合施用，避免单一使用防控效果差的硫酸亚铁。

（2）在易发生缺铁的产区，尽量选用对铁素吸收率高的砧木，如柚、枸头橙、高橙和红橘等。

## 七、缺铜症

（一）症状

（1）叶片失绿畸形，幼叶扭曲下垂或呈"S"状（图5-8），叶片大且呈不规则形状，

图5-8　柑橘幼叶缺铜症状

叶脉弯曲呈弓形，主脉扭曲。

（2）长出许多柔嫩细枝，形成丛枝。嫩枝皮部产生胶状小水泡样污斑并有纵裂，雨季由此分泌出黄红色树液。

（3）果面出现许多大小不一的褐（黑）色斑点；幼果常因纵裂或横裂而脱落；果皮、中轴以及嫩枝有流胶现象，果小，易裂、易脱落。

（4）柑橘叶中铜正常含量为5～16mg/kg，当低于4mg/kg时易出现缺铜症状。

（二）矫正方法

（1）在新梢修剪时，喷施1：100波尔多液；也可在春芽萌动前喷施0.1%～0.2%硫酸铜溶液。

（2）土施硫酸铜也可以防止缺铜，但作用较慢，效果没有喷施铜剂快。硫酸铜使用量应根据树龄大小而定，1～4年幼龄树应适当稀施，5年后挂果树可随着树龄的增加适当调整剂量，一般为0.5～1kg/亩，切记不可过量。

## 八、缺锰症

（一）症状

（1）柑橘缺锰时，症状由幼叶向老叶扩散。

（2）仅叶脉保持绿色，叶肉变成淡绿色，即在淡绿色的底叶上呈现绿色的网状叶脉［图5-9（1）］，但并不像缺锌、缺铁般反差明显。症状从新叶开始发生，幼叶上表现明显症状，病叶变为黄绿色，主、侧脉及附近叶肉为绿色至深绿色，轻度缺锰的叶片在成长后可恢复正常，严重或继续缺锰时侧脉间黄化部分逐渐扩大，最后仅主脉及部分侧脉保持绿色［图5-9（2）］，病叶变薄。

（1）缺锰严重时叶片由黄变灰　　　　　　　（2）幼叶黄化

图5-9　柑橘叶片缺锰症状

（二）矫正方法

（1）在新叶生长到完全展开叶的三分之二时，叶面喷施80%络合态代森锰锌600倍液+海藻酸型叶面肥1500倍液，可预防缺锰症，促进生长。

（2）对酸性土壤的柑橘园进行调酸处理，同时增加锰肥使用量，将硫酸锰混在肥料中施用可预防缺锰症，如在冬季穴施有机肥时混入硫酸锰，用量为3～4kg/亩。生长季节可以冲施含中微量元素比较全面的肥料，视情况使用2～3次以预防缺锰症。

# 九、缺锌症

（一）症状

（1）柑橘缺锌时营养枝受到的影响大于结果枝，表现为叶片出现不规则绿色条带，底色为浅黄色或近乎白色（图5-10），在缺锌非常严重的情况下，叶片变尖、变小，且异常狭窄，有直立的倾向。

（2）枝条纤细，节间变短，直立簇生。

（3）果实变小，果皮色淡。

（二）矫正方法

（1）当柑橘叶片中锌含量在18～24mg/kg和叶片出现缺锌症状时，可在春梢抽发转绿后，或各次梢抽发大量新叶后，叶面喷洒0.1%～0.3%硫酸锌溶液与0.1%熟石灰溶液，10d喷一次，连续喷2～3次，有明显效果。

（2）酸性土壤可土施硫酸锌，一般每株施100g左右，也可伴随着增施有机肥。

（1）缺锌严重时失绿遍布  　　　　　（2）幼叶叶肉失绿
整个脉间，底色为浅黄色

图5-10　柑橘叶片缺锌症状

# 十、缺硫症

## （一）症状

（1）柑橘缺硫时，叶片出现黄斑（图5-11），新梢全叶发黄，随后枝梢也发黄，叶片变小，病叶提前脱落，而老叶仍保持绿色，形成鲜明对比。

（2）病叶主脉较其他部位稍黄，尤以主脉基部和翼叶部位更黄，并易脱落。

（3）抽生的新梢纤细而多呈丛生状。

## （二）矫正方法

（1）石膏含有硫、钙两种营养元素，可施用普通石膏对土壤进行硫肥补充。石膏多作为基肥施用，每亩用量一般为100kg左右，同时可配合有机肥一起施用。由于石膏是一种难溶性的硫酸盐，溶解度小，后效期长，一般土壤只需施用一次，不需重施。

图5-11　柑橘叶片缺硫症状

（2）还可用0.1%～0.5%的硫酸锌溶液或0.1%～0.4%的硫酸铜溶液进行叶面喷施。春梢叶片在4～7月叶龄时，应将硫含量控制在0.2%～0.3%。土壤含钼较多的柑橘园，硫肥施用量应适当增加。

## 十一、缺钼症

### （一）症状

（1）柑橘缺钼，叶片上也出现黄斑，但黄斑集中在中脉区，圆块状，故缺钼症状又称"黄斑病"（图5-12）。

（2）病叶向正面卷曲形成杯状或筒状，俗称"抱合症"，严重时黄化脱落。抽生的新叶变薄和黄化。黄斑背面出现流胶，并变成黑褐色，叶缘枯焦坏死。

（3）果皮上有时出现带黄晕圈的不规则褐斑。叶和果的病斑在向阳部位出现较多。

### （二）矫正方法

在有机肥施用量充足的情况下，可以土施多种中微量元素肥，或喷施含钼的叶面肥，一般以在抽梢后的新叶期或幼果期喷施为宜，以喷湿为度，每年喷施0.2%～0.3%钼酸铵1次即可矫治缺钼症状。

## 十二、缺硼症

### （一）症状

（1）柑橘缺硼症状表现为枝条节间与树干开裂，裂缝流胶。

（2）老叶沿主脉和侧脉变黄、变厚、革质、无光泽、卷曲，叶正面主侧脉肿大、破裂和木栓化〔图5-13（1）〕。

（3）果面变粗，皮增厚〔图5-13（2）〕，果实畸形而坚硬，海绵层破裂，流胶溢于皮〔图5-13（3）〕，果肉淡而无味。

### （二）矫正方法

（1）对于轻度缺硼的柑橘园，在春季萌芽时，于疏松土壤上每株树地面撒施5～15g

图5-12 柑橘叶片缺钼症状

（1）叶脉木栓化

（2）果皮变粗，坚硬

（3）流胶溢于皮

图5-13 柑橘叶片和果实缺硼症状

硼砂，或每亩用0.3~0.5kg硼砂加水制成0.2%~0.3%溶液浇施根部。

（2）叶面喷施。春季初花期、保果期以及果实生长前、中期为需硼重点时期，最好能结合叶面喷施，如喷施0.1%~0.2%的硼酸或硼砂1~2次。缺硼严重时，宜选用螯合技术较好、安全、吸收快的市面硼肥。宜在阴天或早晚温度较低时喷用。


## 十三、缺氯症

### （一）症状

（1）缺氯症状一般先发生在中下部的老叶上，具体表现为老叶的顶部和叶脉间的叶肉出现分散状的失绿现象。

（2）缺氯严重时，缺素症状会从叶片的叶缘部位向叶片中间的叶脉扩展，老叶会表现出杯状卷曲症状。易造成大量的落叶。

（3）缺氯会使柑橘根系生长受抑制，经常在根尖往后2~3cm的部位发生根肿现象，但这种根肿要注意与根结线虫引起的虫害肿瘤进行区分。

### （二）矫正方法

柑橘属忌氯作物或半忌氯作物。在氯肥选择上，氯化钾不宜作根际施肥，更不要用作叶面施肥。近年来，柑橘生产因不合理施用含氯化肥、农药而引起氯害的现象逐渐增加，尤其是果实采收后，施用含氯很高的复合肥，使土壤中的$Cl^-$含量增加，柑橘吸收大量$Cl^-$以后，水分吸收减少，根尖死亡。在施肥时，根据柑橘的生长状况和土壤的营养状况，合理选择肥料种类和施肥量，避免过度施肥和单一施肥，保证柑橘的正常生长和高产。高氯肥料一般是含氯化铵的复合肥，在化肥包装上有"高氯"标识，氯含量在30%以上。出于安全考虑，在柑橘种植中尽量不要使用，可以选择其他肥料代替。


## 第二节　番茄的缺素症与矫正方法

图5-14为番茄的各类缺素症，可用于田间的快速诊断。


## 一、缺氮症

### （一）症状

（1）植株矮小、瘦弱且生长缓慢，呈纺锤形，须根增多、根系增长［图5-15（1）

［缺硼症］
茎叶硬、易折，顶端叶小，卷缩，严重时顶部枯死，果实表面有爪挠状龟裂

［缺铜症］
顶端叶萎蔫下垂，生长弱

［缺铁症］
上部叶的叶脉间淡绿色，严重时叶变黄白色

［缺锌症］
整个叶色变淡、叶小，顶部叶的叶尖残留浓绿色，但其他部分变黄绿色

［缺镁症］
下部叶的叶脉间淡绿色，叶顶淡绿色明显，比缺钾症更发白些

［缺氮症］
自下部叶开始变黄

［缺钙症］
叶突变黄褐色、枯死，果实易发生脐腐病

［缺锰症］
中上部叶的叶脉间淡绿色，与缺镁症相比，叶脉与叶脉间的对比反差强些，严重时叶脉间部分发生褐色枯死斑点

［缺钾症］
下部叶的叶脉间变黄鲜明，与缺镁症不易区别，幼苗时缺钾，叶脉间呈小斑点状失绿，同时叶向外卷

［缺磷症］
下部叶暗紫色到紫红色，有的叶脉这种紫色更重些

图5-14 番茄的各类缺素症

的左边］。

（2）叶片黄化从下部叶片向上部叶片扩展，叶片狭小而薄且直立［图5-15（2）］，花序外露，俗称"露花"。

（3）着果少，过早膨大。

（二）矫正方法

（1）每平方米施用20g无机氮肥做基肥，或在灌溉水中加入液态氮（每升含氮200～500mg）做追肥。

（2）可将碳酸氢铵或尿素等混入10～15倍的腐熟有机肥内，施于植株两侧后覆土浇水。

（3）应急时，用0.2%碳酸氢铵，或0.3%～0.5%尿素溶液向叶面喷施。

（1）缺氮植株与正常植株对比　　　　（2）基部叶片均匀黄化

图5-15　番茄叶片缺氮症状

## 二、缺磷症

### （一）症状

（1）下部叶片背面呈淡紫色，叶脉最初出现部分浅紫色的小斑点，随后向上扩张。叶小并逐渐失去光泽，进而变成红紫色（图5-16）。

（2）茎细长，富含纤维。由于缺磷时影响氮素吸收，植株后期呈现卷叶。

（3）果实小，成熟晚，产量低。

### （二）矫正方法

（1）发现缺磷，可将过磷酸钙与优质有机肥按1∶1的比例混匀后在根部附近开沟追施，育苗期及定植期要施足磷肥。

（2）可用0.2%～0.3%磷酸二氢钾溶液或0.5%过磷酸钙浸出液叶面喷施。

## 三、缺钾症

### （一）症状

（1）老叶叶缘变成黄褐色，叶脉间逐渐变黄［图5-17（1）］，最后叶片边缘开始枯萎［图5-17（2）］。

（1）幼苗受害状　　　　　　　　　　　　（2）叶面略显皱缩

（3）叶片正面叶脉变为紫红色　　　　　　　（4）出现紫色斑叶

图5-16　番茄叶片缺磷症状

（1）基部叶片从叶尖到叶缘向内变黄　　（2）缺钾严重时叶片枯萎，变褐，呈灼烧状

图5-17　番茄叶片缺钾症状

（2）叶质地变脆，茎变硬或木质化，根系发育不良。

（3）严重时下部叶枯死，大量落叶。

（4）果实生长不良，形状有棱角，畸形果多，着色不均匀。

（5）在生育前期只有极度缺钾时才会发生缺钾症状。在果实膨大期易出现缺钾。

## （二）矫正方法

（1）叶面喷施0.5%磷酸二氢钾、0.5%硝酸钾溶液或1%草木灰浸出液。

（2）增施有机肥和钾肥，一般每亩用硫酸钾10～15kg，在植株两侧开沟追施后覆土。

## 四、缺钙症

### （一）症状

（1）症状首先表现在新叶上，生长点停止生长，幼芽变小、黄化，距生长点近的幼叶周围变为褐色，有部分枯死［图5-18（1）～（3）］。

（2）发病初期心叶边缘发黄皱缩，严重时心叶枯死。

（3）植株中部叶片形成大块黑褐色斑，后全株叶片上卷。

（4）在生长后期发生缺钙时，茎叶健全，果脐处变黑，形成脐腐［图5-18（4）、（5）］，严重时常造成果实黑斑、腐烂，直接影响产量和品质。

（1）幼苗缺钙症状

（2）生长点坏死，上部叶片黄化

（3）叶缘出现枯死

（4）脐腐病

（5）果实顶端腐烂

图5-18　番茄叶片和果实缺钙症状

（二）矫正方法

（1）浇足定植水，保证花期及结果初期有足够的水分供应。在果实膨大后，应注意适当浇水。

（2）育苗或定植时要将长势相同的番茄苗放在一起，以防个别植株因过大而缺水，引起脐腐病。

（3）选用抗病品种。番茄果皮光滑、果实较尖的品种较抗病，在易发生脐腐病的地区可选用。

（4）地膜覆盖可保持土壤水分相对稳定，能减少土壤中钙质养分淋失。

（5）采用根外追施钙肥技术。番茄结果后1个月内，是吸收钙的关键时期。可喷洒1%过磷酸钙，或0.5%氯化钙加5mg/L萘乙酸，或0.1%硝酸钙及复硝酚钠6000倍液。从初花期开始，每隔10~15d喷一次，连续喷洒2~3次。使用氯化钙及硝酸钙时，不可与含硫的农药及磷酸盐（如磷酸二氢钾）混用，以免产生沉淀。

# 五、缺镁症

（一）症状

（1）症状一般是从下部叶片开始发生，叶脉间失绿，叶脉和叶缘仍为绿色，后期一部分变成枯斑［图5-19（1）］；在果实膨大期，靠果实附近的叶片先发生缺镁症状［图5-19（2）］。

（2）在第一花房膨大期，中下部叶从主脉附近开始变黄，出现失绿（图5-19）。

（3）生育后期除叶脉外整叶都已经黄化。

（4）果实无特别症状。

（1）基部叶片叶脉间叶肉黄化　　　　　　（2）缺镁严重时多个叶片黄化，并向叶缘发展

图5-19　番茄叶片缺镁症状

（二）矫正方法

（1）增高地温，施足腐熟的有机肥，增施含镁肥料，如硫酸镁、硝酸镁、钾镁肥等，这些肥料均溶于水，易被吸收利用。

（2）在番茄生长期或发现植株缺镁时，用1%～2%硫酸镁溶液或1%硝酸镁溶液叶面喷施。

# 六、缺铁症

（一）症状

（1）顶端叶片叶肉组织发生褪绿，呈现清晰的绿色叶脉网络，严重时褪绿扩展到较小叶脉，最后受影响的叶片完全变成浅黄色或者几乎变成白色，并逐渐由顶端向老叶发展（图5-20）。

（2）缺铁时不表现为斑点状黄化或叶缘黄化（图5-20）。

（3）在土培条件下，植株整体症状出现得不多，但在水培时，中、上部叶发生黄化症状。

图5-20　番茄叶片缺铁症状

（二）矫正方法

（1）根据土壤诊断结果采取相应措施。当pH达到6.5～6.7时，就要禁止使用石灰而改用生理酸性肥料。当土壤中磷过多时，可采用深耕、容土等方法降低磷含量。如果为水培时，可往培养液中添加浓度为3～4mg/L的柠檬酸铁溶液，或加浓度为1～2mg/L的螯合铁（Fe-EDTA）溶液。

（2）如果缺铁症状已经出现，可用浓度为0.1%～0.5%硫酸亚铁水溶液对番茄叶面喷施，或用100mg/L柠檬铁水溶液每周喷2～3次，还可以用50mg/L螯合铁水溶液以每株100mL的用量施于土壤。

## 七、缺铜症

（一）症状

（1）症状首先出现在上位叶。

（2）节间变短，生有丛生枝，叶片卷曲，植株呈萎蔫状［图5-21（1）］。叶片一般呈深绿色或蓝绿色，叶片小，叶缘向内向上卷曲，像萎蔫的样子［图5-21（2）］，叶片先端轻微失绿，变褐坏死。

（3）叶尖发白，幼叶萎缩，出现白色叶斑，多数植物顶端生长停止和顶枯。

（1）植株呈萎蔫状　　　　　　　　　　　　（2）叶缘向内卷曲

图5-21　番茄叶片缺铜症状

（二）矫正方法

施用含铜的叶面肥，比如硫酸铜或含铜矿渣，配制成0.02%～0.04%溶液，最好加入少量熟石灰。

## 八、缺锰症

（一）症状

（1）叶片脉间失绿，距主脉较远的地方先发黄，叶脉保持绿色。以后叶片上出现花斑，最后叶片变黄，很多情况下，先在黄斑出现前出现褐色小斑点（图5-22）。

（2）由于叶绿素合成受阻，严重时，生长受抑制，不开花，不结实。

（二）矫正方法

在番茄生长期或发现植株缺锰时，可喷施0.1%～0.2%硫酸锰，连续喷2～3次，效果好。

（1）上位叶片呈网纹状，褪绿变黄　　　　　　（2）叶片症状

图5-22　番茄叶片缺锰症状

# 九、缺锌症

## （一）症状

（1）主要表现出幼叶叶片脉间失绿或白化。

（2）幼叶叶片变小畸形［图5-23（1）］，叶脉间叶肉逐渐褪绿黄化，叶缘从黄化［图5-23（3）］发展为褐色，严重者由叶缘向内出现褐色坏死斑点［图5-23（2）、（4）］，并向内或向外稍微卷曲，有的叶片出现畸形，叶面凹凸不平。生长点附近的节间大多缩短。

（1）叶片变小　　　　　　　　　（2）叶片边缘出现褐色坏死斑点

（3）叶缘黄化　　　　　　　　　　　　（4）叶肉变褐

图5-23　番茄叶片缺锌症状

（二）矫正方法

（1）叶面喷施效果好：用浓度为0.1% ~ 0.2%硫酸锌溶液进行叶面喷施，每隔6 ~ 7天喷一次，喷2 ~ 3次，但注意不要把溶液灌进心叶，以免灼伤植株。

（2）土施硫酸锌，每亩用1.5kg。

## 十、缺硫症

（一）症状

（1）症状首先出现在上位叶，中上位叶的颜色比下位叶颜色淡，严重时中上位叶变成淡黄色［图5-24（1）~（3）］。

（2）后期后心叶枯死或结果少。

（3）叶黄化而叶脉仍绿则有缺铁的可能性。

（4）在生长中后期发生得多，严重时叶片背面出现紫色［图5-24（4）］。

（二）矫正方法

（1）增施硫酸铵等含硫肥料。在番茄生长期发现植株缺硫时，用0.01% ~ 0.1%硫酸

（1）初期症状　　　　　　　　　　　　（2）叶色呈渐变状

（3）叶色变黄　　　　　　　　　　　　（4）叶背变紫色

图5-24　番茄叶片缺硫症状

钾溶液进行叶面喷施。

（2）作物除从土壤和硫肥中得到硫以外，还可通过叶面气孔从大气中直接吸收 $SO_2$（需要明确周围环境如煤、石油、柴草等燃烧可以产生$SO_2$）；同时，大气中的$SO_2$也可通过扩散或随降水而进入土壤–植物体系中。因此，在决定硫肥施用量时须考虑这些因素。

## 十一、缺钼症

### （一）症状

（1）番茄缺钼时，老叶先褪绿，脉间黄化 ［图5-25（1）］，叶缘和叶脉间的叶肉呈黄色斑状 ［图5-25（2）］，叶边向上卷，叶尖萎焦，渐向内移。

（2）新叶畸形。

（3）轻者影响开花结实，重者死亡。

（1）叶片颜色偏黄 　　　　　　（2）呈现黄色斑块

图5-25　番茄叶片缺钼症状

### （二）矫正方法

常用钼肥是钼酸铵和钼酸钠及含钼矿渣等。含钼矿碴每亩用量为0.25kg左右，可作基施，或使用0.05%～0.1%的钼酸铵溶液进行叶面喷施。

## 十二、缺硼症

### （一）症状

（1）症状先出现在上位叶，新叶停止生长，植株呈萎缩状态，幼叶叶尖黄化，叶片变形 ［图5-26（1）］。

（2）茎弯曲，茎内侧有褐色木栓状龟裂。

（3）果实表面有木栓状龟裂［图5-26（2）］。

（4）易出现芽枯病、叶片扭曲、裂果、畸形果、僵果、空洞果、果实着色不良、筋腐果、落花落果、蕾而不花、花而不实、茎裂病等。

（1）番茄叶片　　　　　　　　　　　（2）番茄果实

图5-26　番茄叶片和果实缺钼症状

（二）矫正方法

（1）硼肥对植物的生殖生长起作用，因此一般喷施时间宜在花期以前。叶面喷施可使硼肥很快吸收，见效快。施用底肥时应施用含硼的肥料。

（2）在番茄苗期、花期、采收期或发现植株缺硼时，用0.05%～0.2%硼砂或硼酸溶液，在晴天下午4：00后，进行叶面喷施。苗大多喷，苗小少喷。

# 十三、缺氯症

（一）症状

（1）番茄缺氯时，下部叶的小叶尖端首先萎蔫，明显变窄，生长受阻。若继续缺氯，萎蔫部分坏死，小叶不能恢复正常，有时叶片出现青铜色，细胞质凝结，并充满细胞间隙。

（2）根系生长不良，表现为根细而短，侧根少，还表现为不结果。

（二）矫正方法

（1）番茄是一种忌氯蔬菜。氯化钾、氯化铵等含氯肥料不能在生长过程中使用，氯化钾型复合肥不能使用。

（2）海潮、海风、降水可以带来足够的氯，只有远离海边的地方和淋溶严重的地区才可能缺氯。

（3）专门施用氯肥的情况很少见。大多数情况下，氯是伴随其他施肥养分元素进入土壤的。农盐中除含大量氯化钠外，还有相当数量的镁、钾、硫和少量硼。

# 参考文献 \\\\

［1］KARTHIKA K S, RASHMI I, PARVATHI M S. Biological functions, uptake and transport of essential nutrients in relation to plant growth [M] //HASANUZZAMAN M, FUJITA M, OKU H, et al. Plant nutrients and abiotic stress tolerance. Singapore: Springer Nature Singapore Pte Ltd., 2018: 1–49.

［2］SRIVASTAVA A K, SINGH S, ALBRIGO L G. Diagnosis and remediation of nutrient constraints in citrus [J]. Horticultural Reviews, 2008, 34: 277–338.

［3］曾玉清. 柑桔缺素症的诊断及矫治技术［J］. 现代农业科技，2015（10）：115，117.

［4］黄明，何箕全. 柑橘缺微量元素的症状鉴别及防控技术［J］. 基层农技推广，2019，7（1）：91-93.

［5］黄明，朱安繁，钟厚. 柑橘缺大中量元素症状鉴别及防控技术［J］. 基层农技推广，2019，7（3）：80-82.

［6］李金堂，默书霞，付海滨. 番茄缺素症的识别及防治［J］. 长江蔬菜，2010（15）：31-33，55.

［7］徐庆辉. 番茄缺素症的发生及防治［J］. 吉林农业，2018（1）：82.

［8］张小梅. 番茄缺素症状识别与补救措施［J］. 蔬菜，2016（2）：78-79.

［9］周明，李常保. 我国番茄种业发展现状及展望［J］. 蔬菜，2022（5）：6-10.

# 第六章　园艺植物缺素症的智能化检测与肥料施用技术

　　2023年，《求是》杂志刊发习近平总书记的《加快建设农业强国 推进农业农村现代化》。文章指出，"建设农业强国，基本要求是实现农业现代化"。2022年6月23日，《农民日报》刊发与中国工程院院士刘旭、李文华、赵春江的对话，三位院士提出未来30年应坚持发展"现代智慧生态农业"。国家农业已经进入了农业技术4.0，即人工智能发展阶段，也是现代农业技术的发展前沿（图6-1）。智慧农业包括了设备层、边缘层和云端层（图6-2）。开展智能土壤检测与施肥技术是实现我国农业现代化的重要保障和基础。

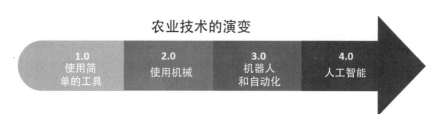

图6-1　农业技术的演变

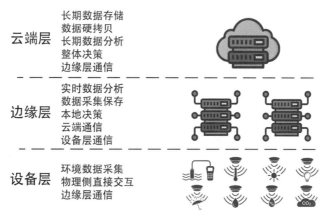

图6-2　智慧农业的组成

## 第一节 | 智慧农业及智能土壤检测与肥料施用技术

### 一、智慧农业

智慧农业一般指现代科学技术与农业种植相结合，从而实现无人化、自动化、智能化管理，可以远程监测和控制作物生长环境［图6-3（1）］（Zhang et al., 2023）。从广义上讲，是云计算、传感网、执行器、第五代移动通信技术（5G）等多种信息技术在农业中综合、全面的应用［图6-3（2）］，实现更完备的信息化基础支撑、更透彻的农业信息感知、更集中的数据资源、更广泛的互联互通、更深入的智能控制、更贴心的公众服务。智慧农业与现代生物技术、种植技术等科学技术融合于一体，对建设世界水平农业具有重要意义。

智慧农业主要有监控功能系统、监测功能系统、实时图像与视频监控功能。

（1）简明智慧农业框架

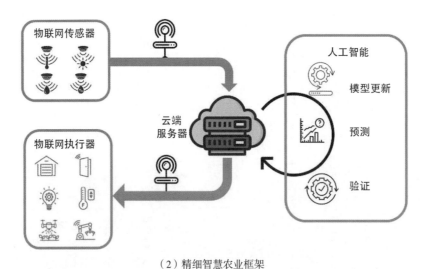

（2）精细智慧农业框架

图6-3 智慧农业框架

（1）监控功能系统　根据无线网络获取实时的植物生长环境信息，如获取土壤水分、空气温湿度、植物养分含量、土壤pH等信息参数。该系统主要负责收集信息、接收无线传感汇聚节点发来的数据，存储、显示和管理数据，将数据分析处理以最直观的图表形式发送给用户，并根据上述信息进行自动化降温、灌溉和调节植物生长环境。该系统能够实时采集农作物生长环境参数，对农业生产设备进行远程控制，有效提高农业生产效率及农业生产质量（王瑞锋等，2021）。

（2）监测功能系统　通过配备无线电传感节点可监测园区内土壤水分、空气温湿度、光照强度、$CO_2$浓度和植物养分含量等信息，进行声光报警和短信报警等预处理。

（3）实时图像与视频监控功能　通过多维信息与多层次处理来实现农作物生长的最佳生长环境调理。视频监控的引用，更为直观地反映了农作物生产的实时状态，引入视频和图像处理，既可以直观地反映一些作物的生长势，也可以侧面地反映作物生长的整体状态及营养水平。

将各系统布设于温室或园区等面积较大的空间，实时监测信息并汇总到中控系统，根据信息实现对作物生长环境的智能控制（图6-4、图6-5）。

近年来，我国智慧农业技术取得巨大进步，主要表现：环境农业传感器基本实现国内生产；农业遥感技术广泛应用于农情监测；农业无人机应用技术达到国内领先水平，广泛应用于农业信息获取、病虫害的精准防控；肥水一体化技术、智能监控技术广泛应

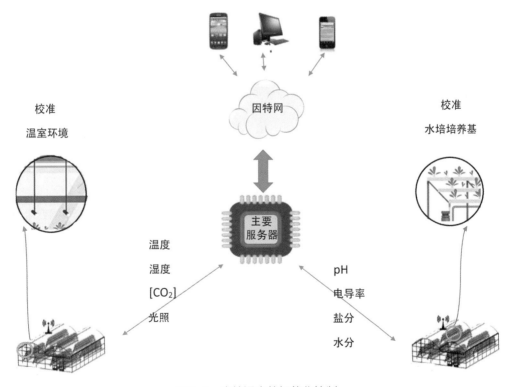

图6-4　水培温室的智能化控制

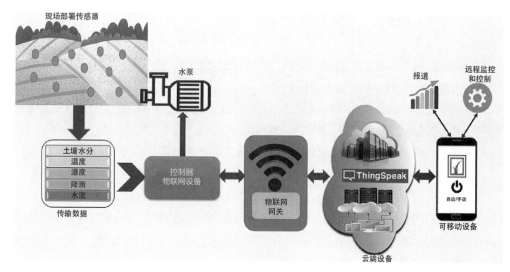

图6-5 一个完整的智慧农业系统

用于规模化生产；设施园艺、植物工厂基本上可以实现自主技术的生产。

近10年来，美国、英国、德国、加拿大、日本、韩国等国家高度关注智慧农业的发展，推动了农业物联网、农业传感器、农业大数据、农业机器人、农业区块链等智慧农业关键技术的创新发展。国外智慧农业在20世纪70年代就具备了较高的机械化水平（孙九林等，2021）。美国率先提出"精准"农业，为智慧农业打下良好的基础。利用农业物联网，美国农民可利用全球定位系统、农田遥感监测系统、农田地理管理系统等对农作物进行精细化的自适应喷水、施肥和撒药，利用大数据分析可实现农产品全生命周期和全生产流程的数据共享及智能决策。日本建立起一套完整的农业信息化体系，农户可精准地预测市场信息，信息化技术对整个农业起到良好的指导作用。精细化生产作业是以色列智慧农业的重要组成部分，涵盖了精准种植粮食作物、精准控制农田灌溉和精准采集农业信息等，以色列利用精准的灌溉系统可以使水资源的利用率达到90%以上，以色列正致力于将大数据技术运用到农业生产中，利用大数据将农作物生产标准化（汪浩等，2017）。

除了监控、监测系统（数据收集）外，组内、组间的数据分析和根据用户需要进行的决策支持也是构成智慧农业实施的关键。例如，在柑橘园，需要利用传感器收集土壤理化性质、天气数据、水果品质数据、农业实践、地理信息系统（GIS）地图、地理等的数据，然后对数据进行区域尺度分析，形成组间和组内分析结果，最后将数据传到决策系统，由用户根据个性化需求进行实施（图6-6）。

在智慧农业中，养分的监测、分析和应用是重要的部分，特别是遥感观测与导航定位、养分信息的获取、"5G"技术等，为农业中养分的智能系统提供保障。因此，在智慧农业中，存在水肥一体化系统（图6-7），即将物联网、大数据、云计算与传感监测技术结合，水肥一体化灌溉通过自动气象站以及土壤温湿度、土壤pH/电导率（EC）、土壤氮磷钾等传感器，监测当地气候情况、土壤墒情等数据，通过滴灌、喷灌、漫灌等灌溉方式，智能调节灌溉时间和灌溉量，维持作物的水肥平衡，保证作物生长发育良好，达到增产节能的目的。根据作物的需求规律、土壤水分、土壤性质等条件提供最合适的水肥灌溉方案，水肥一体化系统按照该方案进行定时定量灌溉。

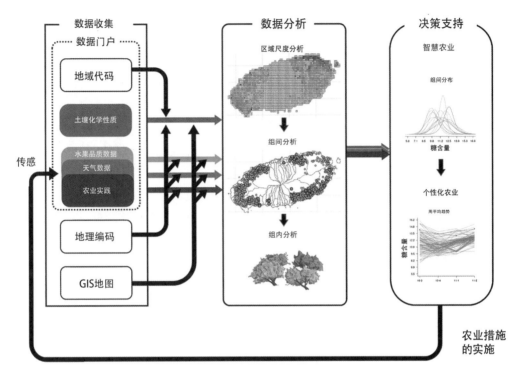

图6-6　柑橘果园的智慧农业系统和实施

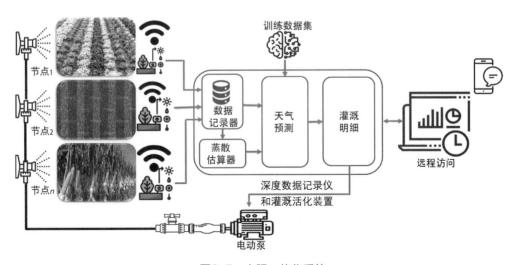

图6-7　水肥一体化系统

## 二、智能土壤检测技术

智能土壤检测与肥料施用技术是智慧农业中的重要组成部分，其目的是通过对土壤进行检测和分析，及时掌握土壤状态和肥力水平，进而指导肥料的施用和管理（图6-7）。其中，智能土壤检测技术是指利用传感器、计算机视觉等技术，对土壤进行检测和分析，以了解土壤的物理、化学和生物特性，以及土壤质量状况。目前，智能土壤检测技术已经广泛应用于农业领域，包括土壤肥力监测、土壤质量评估、农业环境监测等。智能土壤检测技术主要包括土壤水分检测、土壤养分检测、土壤pH检测和土壤有机质检测等。其中，土壤水分检测是指通过测量土壤的湿度，以便农民及时浇水，保证作物的生长。土壤养分检测是指通过测量土壤中的氮、磷、钾等养分含量，以便农民根据作物的需求进行相应的肥料施用和管理。土壤pH检测和土壤有机质检测是指通过测量土壤的酸碱度、有机质含量等参数，以便农民进行肥料选择和管理。

### （一）传感器技术

传感器技术是智能土壤检测技术的基础。目前，常用的传感器包括土壤湿度传感器、土壤温度传感器、土壤pH传感器、土壤肥力传感器等（图6-5）。这些传感器可以通过感知土壤的湿度、温度、pH、肥力等信息，向计算机发送信号，从而实现对土壤进行检测和分析。

### （二）计算机视觉技术

计算机视觉技术是智能土壤检测技术的重要组成部分。计算机视觉技术可以通过图像识别技术，对土壤图像进行分析和处理，从而获取土壤的物理、化学和生物特性信息。例如，计算机视觉技术可以识别土壤的颜色、纹理、形状等信息，以及土壤的含水量、有机质含量、酸碱度等信息，从而对土壤进行智能检测和分析（图6-6）。

### （三）云计算技术

云计算技术是智能土壤检测技术的重要支撑。云计算技术可以将传感器采集到的数据上传到云端，进行数据分析和处理。通过云计算技术，可以获取更全面、更准确的土壤质量信息，从而指导农业生产管理。

智能土壤检测技术具有以下优点。

（1）实时监测　智能土壤检测技术可以实时监测土壤中的参数，农民和农业技术人员可以及时根据检测结果进行相应的肥料施用和管理，提高农业生产的效率和质量。

（2）精准分析　智能土壤检测技术可以分析土壤中的参数，如水分、养分、pH、有机质等，以便农民进行肥料选择和管理，提高肥料施用的精准度和效果。

（3）数据可视化　智能土壤检测技术可以将监测数据进行可视化分析，以便农民和农业技术人员更好地了解土壤中的参数变化情况，及时采取相应的措施。

## 三、智能肥料施用技术

智能肥料施用技术是指利用传感器、计算机视觉等技术，对肥料施用过程进行智能化管理和优化，以提高肥料施用效率。智能肥料施用技术包括肥料施用计划制订、肥料施用方式选择、肥料施用效果分析等，其中肥料施用计划制订是指根据作物的生长需求、土壤的肥力情况等因素，制订科学的肥料施用计划；肥料施用方式选择是指根据土壤类型、作物种类等因素，选择适当的肥料施用方式；肥料施用效果分析是指根据肥料施用前后的参数变化情况，分析肥料施用的效果。

### （一）传感器技术

传感器技术是智能肥料施用技术的基础。目前，常用的传感器包括土壤湿度传感器、土壤温度传感器、土壤pH传感器、土壤肥力传感器等。这些传感器可以通过感知土壤的湿度、温度、pH、肥力等信息，向肥料施用设备发送信号，从而实现肥料施用计划的制订和肥料施用剂量的计算。

### （二）计算机视觉技术

计算机视觉技术是智能肥料施用技术的重要组成部分。计算机视觉技术可以通过图像识别技术，对肥料施用设备的图像进行分析和处理，从而获取肥料施用过程的信息。例如，计算机视觉技术可以识别肥料施用设备的颜色、形状，以及肥料的使用量等信息，从而对肥料施用过程进行智能化管理。

### （三）云计算技术

云计算技术是智能肥料施用技术的重要支撑。云计算技术可以将传感器采集到的数据上传到云端，进行数据分析和处理。通过云计算技术，可以获取到更全面、更准确的肥料施用信息，从而制订更科学的肥料施用计划。

智能肥料施用技术具有以下优点。

（1）精准施肥　智能肥料施用技术可以精准地监测肥料的施用情况，农民可以根据检测结果进行相应的肥料施用和管理，提高肥料施用的精准度和效果。

（2）节约资源　智能肥料施用技术可以实时监测肥料的施用情况，避免肥料施用过量或不足，节约资源，降低生产成本。

（3）减少环境污染　智能肥料施用技术可以减少肥料施用带来的环境污染，如氨气排放、硝酸盐排放等。

## 四、智慧农业中智能土壤检测与肥料施用技术的未来发展

随着智慧农业的不断发展，智能土壤检测与肥料施用技术将不断优化和完善。未来，智能土壤检测与肥料施用技术的发展方向包括以下几个方面。

（1）技术智能化　未来的智能土壤检测与肥料施用技术将更加智能化，包括多种传感器技术、数据采集技术、数据处理技术等。

（2）数据可视化　未来的智能土壤检测与肥料施用技术将更加数据化，包括数据可视化技术，以便农民和农业技术人员更好地了解土壤中的参数变化情况，及时采取相应的措施。

（3）数据安全　未来的智能土壤检测与肥料施用技术将更加注重数据安全，包括加密技术、数据备份技术等，以保障数据的安全性和可靠性。

（4）系统优化　未来的智能土壤检测与肥料施用技术将更加注重系统优化，包括算法优化、设备优化等，以提高系统的稳定性和可靠性。

## 第二节　常见便携式植物养分检测仪

### 一、植物多酚-叶绿素测量计

植物多酚–叶绿素测量计（Dualex Scientific+）是一款源自法国国家科学院及巴黎第十一大学的技术，由奥地利某公司生产开发的新型多功能叶片测量仪（图6-8），可实现多酚的实时无损测量，能准确测量叶片的叶绿素相对含量、叶片表层的类黄酮和花青素含量。同时，由于多酚与氮素浓度显著相关，可通过对多酚的测定评估植物氮素的状态。

（1）测定原理　通过光的透射率可以快速测量出叶片中叶绿素的含量。第一束近红外光用于测量叶片中叶绿素的含量，第二束近红外光测量叶片结构对叶绿素含量的干扰值。与多酚测量光（例如紫外光反映类黄酮）结果进行比较，由于多酚类物质的吸收作用，只有小部分的光到达叶肉细胞中的叶绿素，并能产生激发光。

（2）测定方法　①在使用植物多酚–叶绿素测量计校准过程中，测量头不夹样品，两个发光二极管（LED）依次发光，被接收的光转换成电信号，用来计算光强度的比率；②测量头夹住样品后，两个LED

图6-8　植物多酚-叶绿素测量计

再次发光，透过叶片的光打到接收器上，被转换成电信号，计算透射光的强度比率；③用步骤①和②的值计算SPAD测量值（可以反映叶片的叶绿素浓度，与叶绿素含量呈明显的相关性，又称叶色值），就可以分析出所测叶片的叶绿素含量。

（3）应用领域　应用该仪器可以检测到类黄酮指数、花青素指数、氮平衡指数和叶绿素相对含量。

## 二、叶片光谱探测仪

叶片光谱探测仪（CI-710）是非破坏性精密仪器（图6-9），可测量叶片在400～1000nm波长的反射率，特别是可以现场测量植物活体叶片的透射率和吸收率，定性或定量地研究叶片内各组分物质的含量及比例变化（王浩等，2019）。

（1）该仪器的使用原理　当一定频率、一定波长的光照射样品时，如果照射频率与外界辐射频率一致，就会产生共振。此时光的能量通过分子偶极矩的变化传递给分子，这个基团就吸收该频率的波长而发生振动能级的跃迁，产生吸收峰。

（2）该仪器的使用方法　①按叶片光谱探测仪后侧的电源开关，开启仪器，预热15min；②开启电脑，运行操作软件，检查叶片光谱探测仪工作是否正常，检查方法为单击"采集"菜单下的"实验设置"，选择"诊断"，观察各项是否正常，各项正常后选择"光学台"，在"光学台窗格"中观察增益值，确保增益值在可接受范围内，如不在此范围内，需要调整光谱仪；③采集样品，单击"采集"菜单下的"采集样品"，采集背景后，插入样品，单击"确定"，开始采集样品；④采集结束后，光谱窗上显示样品的光谱图。

（3）应用领域　该仪器主要测量叶绿素a或叶绿素b含量及变化以及测量花青素、蛋白质、水分、糖、矿物质含量，用于监测植物的生长状态、光合作用、水分、胁迫、逆境等。

图6-9　叶片光谱探测仪

## 三、土壤

土壤肥料养分检测仪又称土壤养分速测仪、土壤化肥速测仪（图6-10）。仪器主要用于检测土壤中水分、盐分、pH、全氮、铵态氮、有效磷、有效钾、钙、镁、硼及肥料中氮、磷、钾含量的测试，也为肥料生产企业实现专业化、系统化、信息化、数据化提供了可靠的依据。

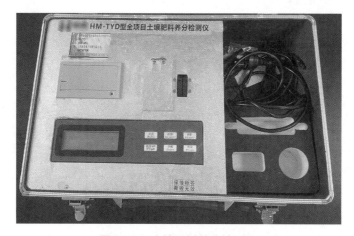

图6-10　土壤肥料养分检测仪

（1）该仪器的工作原理　以硝态氮的测定为例，在酸性条件下，硝酸试粉中的锌与柠檬酸作物放出的氢将$NO_3^-$还原成$NO_2^-$，这些$NO_2^-$连同土壤中原有的少量$NO_2^-$先和对氨基苯磺酸生成重氮化合物，重氮化合物再和$\alpha$-萘胺作用生成红色的偶氮染料。红色的深浅在一定范围内与硝态氮的含量成正比。

（2）该仪器的检测方法　以硝态氮的测定为例，吸取土壤浸提剂2mL于试管中作空白液；吸取土壤标准液2mL于另一试管中作标准液；吸取样品待测液2mL于试管中作待测液，后依次加入硝态氮1号试剂4滴（逐渐加入并摇动）、硝态氮2号试剂10滴、硝态氮3号试剂1滴（使用前剧烈摇动或70℃左右热水浴3min后摇动几下），振荡1min，静置15min，分别转移到比色皿中，上机比色测定。

（3）该仪器的主要功能　分析土壤中水分、盐分、pH、全氮、有机质、铵态氮、硝态氮、有效磷、速效钾以及钙、镁、硫、铁、锰、硼、锌、铜、氯、硅等中微量元素；测试各式肥料中氮、磷、钾、有机质含量；测定植株中氮、磷、钾的含量。

（4）应用领域　该仪器操作简单，不仅可以应用于实验室快速分析土壤养分含量，又可以满足日常农业土壤状况分析和土壤肥力评估的需要，为农场经营者、农作物生产者及科研工作者了解土壤养分状况、对农田进行配方施肥提供可靠依据。

## 四、土壤参数速测平台

威海某公司研发设计的土壤参数速测平台又称手持式土壤参数速测仪（图6-11），采用了目前最新的数字化集成电路技术与国际化的检测技术。该仪器采用了大尺寸的全彩液晶显示屏，可以实时显示读数，同时使用了国际大厂的数字化芯片设计的检测电路，可以做到非常高的灵敏度和出色的重复性。外壳采用工业专用的高强度复合塑料，强度高，手感好。该仪器广泛应用于石化、环保、冶金、矿业、农业、实验、测绘等行业领域。土壤参数速测平台是便携式土壤检测仪，将传感器插入土壤，数秒即可显示测量结果，简单方便，无须试剂。可通过更换传感器测量不同的土壤参数，无需购买其他显示仪器，大大降低了使用成本，也方便用户测量。

该仪器具有多功能的按键，例如单点记录、开始记录、停止记录；该仪器具有多种单位的切换功能；该仪器具有丰富的人机界面，是基于最新的嵌入式思路设计的全彩色界面，可以实时查询、记录、显示数据；该仪器的数据显示方式为单独数字+仪表显示、多种测量数据集合显示、选配实时曲线显示；支持4MB数据存储，可以通过Excel导出数据到电脑，并进行打印、编辑、图标显示等。

该仪器可以同时检测土壤pH、电导率、温湿度和氮、磷、钾含量等，只需配置不同的即插式土壤传感器即可。

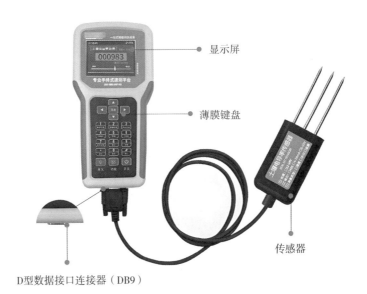

图6-11　手持式土壤参数速测仪

# 参考文献 \\\\

［1］ALWIS S D, HOU Z W, ZHANG Y S, et al. A survey on smart farming data, applications and techniques [J]. Computers in Industry, 2022, 138: 103624.

［2］BASSO B, ANTLE J. Digital agriculture to design sustainable agricultural systems [J]. Nature Sustainability, 2020, 3 (4): 254–256.

［3］ESCRIBÀ-GELONCH M, LIANG S, VAN SCHALKWYK P, et al. Digital twins in agriculture: orchestration and applications [J]. Journal of Agricultural and Food Chemistry, 2024, 72: 10737–10752.

［4］JENITHA R, RAJESH K. Intelligent irrigation scheduling scheme based on deep bi-directional LSTM technique [J]. International Journal of Environmental Science and Technology, 2024, 21: 1905–1922.

［5］KIM S, HEO S. An agricultural digital twin for mandarins demonstrates the potential for individualized agriculture [J]. Nature Communications, 2024, 15: 1561.

［6］VEERACHAMY R, RAMAR R, BALAJI S, et al. Autonomous application controls on smart irrigation [J]. Computers and Electrical Engineering, 2022, 100: 107855.

［7］ZHANG B, LIN X D, JIAO R L. Design of smart agricultural monitoring and management system [J]. Applied Science and Innovative Research, 2023, 7 (2): 1134–1156.

［8］精讯畅通. 数字农业中的智能土壤检测与肥料施用研究［EB/OL］.（2023-07-17）［2024-03-15］. http://www.whjxiot.com/3694.html.

［9］孙九林, 李灯华, 许世卫, 等. 农业大数据与信息化基础设施发展战略研究［J］. 中国工程科学, 2021, 23（4）：10-18.

［10］汪浩, 朱长宁, 谢加封, 等. 智慧农业的实现途径研究［J］. 生物学杂志, 2017, 34（3）：92-94.

［11］王浩, 秦来安, 靖旭, 等. 基于光谱分析的罂粟识别研究［J］. 量子电子学报, 2019, 36（2）：151-155.

［12］王瑞锋, 王东升. 基于ARM技术的智慧农业网络架构布局分析［J］. 农机化研究, 2021, 43（12）：242-246.

［13］鱼欢, 邬华松, 王之杰. 利用SPAD和Dualex快速、无损诊断玉米氮素营养状况［J］. 作物学报, 2010, 36（5）：840-847.